Amanita ænigma

Laurence Bourgeois

Amanita ænigma

Roman

Éditions Héloïse d'Ormesson

ISBN 978-2-35087-945-1

Éditions Héloïse d'Ormesson
92 avenue de France, 75013 Paris
www.editions-heloisedormesson.com

« Derrière la recherche du champignon se cache
la recherche du secret de la vie. »
Tony Saccucci, *Petite philosophie du champignon*

« Les enfants commencent par aimer leurs parents ;
devenus grands, ils les jugent ; quelquefois,
ils leur pardonnent. »
Oscar Wilde, *Le Portrait de Dorian Gray*

1

Longtemps Céleste a cherché l'origine, le point de départ, l'explication. Elle se repassait le film à l'envers, sondait sa mémoire pour essayer de comprendre. Comprendre pourquoi, alors qu'elle n'avait jamais porté de lunettes, elle avait toujours vu le monde à travers des culs de bouteille : un petit village, celui de son enfance, peuplé de petites vieilles, qu'elle avait fini par quitter pour une petite vie. Et elle, dans tout ça, pensait n'avoir jamais grandi.

Aller fouiller le passé ?

Évidemment, elle y avait songé. Mollement. Car elle le savait, remuer la terre des anciens revient souvent à affronter des choses difficiles, qui nous dépassent. C'était donc plutôt à la forme des nuages, à la rotation des planètes ou encore aux prédictions du numéro « Spécial astrologie » de *Femme & Moi* qu'elle préférait se raccrocher, dans l'espoir d'une révélation soudaine.

Mais ce soir, fini d'espérer.

Au moment où elle s'apprêtait à ranger la clé de son armoire métallique dans son pot à crayons et à quitter sa tour de la Défense, elle a senti quelque chose se préparer dans le ciel. Un vrai signe. Une sorte d'énergie électrique, une vibration qui a fait déferler en elle les paroles de Murielle, son amie d'enfance : Tu n'es qu'une mauviette !

Pour une fois, elle n'a pas cherché à comprendre : ni une ni deux, elle a rallumé son ordinateur pour acheter un billet de train, comme ça, sans réfléchir. Départ 22 h 34. Elle n'a jamais compris ces horaires bizarres, peu importe, le temps de passer récupérer quelques affaires, de déposer Clara et le chat chez Jade, sa meilleure amie, et la voilà dans le métro, sur cette ligne qu'elle connaît par cœur. Direction opposée, à présent. Comme s'il suffisait de revenir en arrière pour changer le cours des choses.

On annonce la prochaine navette dans une minute. Céleste patiente, son sac à dos jeté sur l'épaule. Les portes palières à peine refermées, son téléphone se met à vibrer. Un message de Clara. Déjà ? Oui, tout va bien. Il ne faut pas qu'elle s'inquiète. Non, elle ne sait pas encore quand elle rentrera. Sa fille va lui manquer. Un vide énorme. Mais il ne faut pas y penser. *Maman qui t'aime.* Accompagné d'un cœur rouge, aussi appétissant qu'une fraise des bois. Surtout, ne pas se retourner. Clara est avec Jade, sa mère est formidable, et ce n'est pas la première fois qu'elle dort chez elle. Tout ira bien.

Comme tous les matins, fermer les yeux et réciter dans sa tête le nom des stations. Cette fois-ci, compter à rebours le nombre d'arrêts jusqu'à Bastille, le temps qu'elle mettra pour se rendre à la gare, compter pour essayer d'échapper à la voix synthétique qui rappelle, dans toutes les langues, la présence de pickpockets à bord de la rame. Insupportable.

À Austerlitz, le hall paraît endormi. Seules quelques valises à roulettes frôlent l'asphalte et, au loin, des silhouettes alourdies de bagages se dirigent vers les quais où patientent les trains de nuit.

Céleste est en avance, elle scrute le tableau d'affichage où s'égrènent les destinations comme autant de voies, et peut-être, de vies possibles : Briançon, Nice, Toulouse, Bourg-Saint-Maurice, nœud de la Tarentaise desservant les stations de ski les plus réputées. Elle descendra à l'heure où le jour se lève, juste avant le terminus, à Landry, au pied du Mont-Joli. À quelques kilomètres du village.

Au point où elle en est, c'est sûr, elle préférerait attraper son train au vol, sans plus attendre. Échapper à l'angoisse qui pointe, l'air de rien, à l'idée de revenir sur les terres de son enfance. Elle aimerait surtout arrêter de s'en faire pour un oui ou pour un non. Se réjouir, plutôt, de s'apprêter à lâcher sa petite vie calibrée au millimètre, une cavalcade digne d'un numéro de haute voltige, où chacun de ses gestes est réglé au dixième de seconde près. C'est bien simple, il suffit de regarder l'heure pour savoir avec exactitude ce qu'elle fait, où elle va, avec qui elle discute.

Verser le lait sur les corn flakes, se frictionner le corps avec une serviette aussi rêche qu'un tampon Scotch-Brite, rassembler ses mèches à l'aide d'un chouchou sans âge, tout cela sans même se regarder. Pas le temps. Pas envie non plus de voir se refléter dans le miroir les joies de la quarantaine et les rondeurs qui lui ont donné tant de mal à passer le cap de l'adolescence. Aussi parce que c'est sans doute là, dans cette absence de contemplation, qu'elle a le plus de chance d'oublier sa petite existence.

Les wagons sont presque vides, mais sur le quai, le chef de gare s'agite, un talkie-walkie à la main. 22 h 30. De nouveau, elle jette un œil sur ce billet sans retour. Elle l'a fait…

Un coup de sifflet annonce la fermeture des portes. Ne pas penser à Clara. Et chasser de son esprit les paroles de Murielle. Une mauviette ! Si son amie la voyait, seule dans cette gare, en pleine nuit, en train d'enjamber le marchepied du Paris – Bourg-Saint-Maurice, elle reverrait sa copie. Une mauviette… Les grands mots.

Tout ça à cause de cette fichue enquête à laquelle Murielle voulait l'associer, à l'automne dernier. Évidemment que Céleste s'était dégonflée ! Murielle avait eu beau insister, Céleste n'avait pas daigné la rejoindre au village, à l'époque. Oui, elle avait refusé d'aider sa meilleure amie à résoudre une énigme digne des plus grandes sagas policières. Et pour cause : à elle seule, cette affaire aurait justifié l'intervention de toute une brigade de gendarmerie ! Non mais quelle idée, aussi, de vouloir la missionner sur un dossier d'une telle envergure…

De toute façon, Murielle ne pouvait pas comprendre : elle faisait partie de ces gens brillants, qui foncent sans se poser la moindre question. Depuis le CP, tout lui avait réussi ; cela se voyait au rose sur ses joues, le rose des petites filles endimanchées, celui de la couche de framboise dans les Paille d'Or et des pétales de géranium piqués dans les cheveux. Côté études, rien de très surprenant à l'avoir vue obtenir son diplôme de docteur en médecine, spécialisation en neurologie, excusez du peu. Quand Céleste, elle, traînait ses sandales à larges bords, ses mèches trop courtes et son tee-shirt Goldorak (un tee-shirt floqué à paillettes, certes, mais Goldorak quand même), avec en poche, plus tard, un simple BTS. Et au goûter, pas de Paille d'Or, ça coûte bonbon, qu'est-ce que tu crois!

Tout de même, songe-t-elle en se débattant avec le drap fourni par la SNCF, quelle histoire, cette enquête au village... Et depuis l'automne dernier, cette histoire-là avait fait son chemin dans sa tête. D'ailleurs, sans la culpabilité ni la curiosité qui l'avaient rongée après sa discussion avec Murielle, et sans la honte de s'être laissé traiter de nom d'oiseau par sa meilleure amie, elle serait sûrement encore en train d'étendre le linge, à l'heure qu'il est.

Le train a quitté la capitale. Dans le ciel, aux lumières de la ville a succédé une clarté étrange, dessinant dans le compartiment une farandole d'ombres et de lumières. Bercée par le frottement des roues sur les rails, Céleste se recroqueville sur sa couchette, emmitouflée dans une couverture qui gratte, les yeux fermés sur ce jour d'automne, là où finalement, tout s'est enclenché.

Six mois déjà...

Un jour de feu, à l'image de l'arrière-saison. De l'or tombait des arbres, dans une harmonie parfaite avec les rayons d'un soleil qui venait percuter les tours de la Défense. C'était là, au vingt-troisième étage d'une tour aux allures de vaisseau spatial, que travaillait Céleste.

À l'heure du déjeuner, elle avait enfilé ses bottines pour courir rejoindre ses collègues au Dindon, un restaurant branché du quartier d'affaires parisien, où se côtoient meubles artificiellement vieillis à la paille de fer, tables au design ultra moderne et lustres à pampilles en faux cristal.

On l'avait conviée, avec toute l'équipe de direction et une troupe de journalistes, à célébrer en grande pompe les résultats de la filiale. En règle générale, on considérait que les assistantes comme elle n'étaient pas pour grand-chose dans l'envolée des chiffres, mais on les faisait tout de même participer. Pour l'image. C'est important, l'image, en entreprise.

Tandis que les flûtes de champagne se levaient, Céleste demeurait en retrait. Elle piquait du nez dans son verre, préférant, et de loin, imaginer derrière la valse des bulles dorées, celle des flocons sur les hauteurs du Mont-Joli.

Les verrines de guacamole n'étaient pas débarrassées qu'un texto énigmatique de Murielle, aussi froid qu'un compte-rendu d'IRM, lui avait fait quitter la table : « Appelle-moi vite, il se passe quelque chose au village. »

Le cœur de Céleste avait bondi. Murielle était restée en région, entourée de montagnes, et les amies d'enfance ne se contactaient plus tous les jours à présent que chacune avait une vie bien remplie. Et quand l'envie leur prenait de le faire, ce n'était jamais par l'intermédiaire de messages tapés à la va-vite sur un écran de téléphone, ni de façon aussi directe. À vrai dire, en bonne scientifique, Murielle n'avait pas pour habitude de s'affoler : chacun de ses mots était pesé, on avait l'impression qu'elle triait ses pensées avant de parler.

Qu'est-ce qui pouvait bien se tramer, dans le patelin de leur enfance ?

Dans la plus grande discrétion, Céleste s'était éclipsée du restaurant.

Au téléphone, Murielle avait semblé aussi mystérieuse que son message : elle avait besoin de Céleste, cela semblait trop compliqué à expliquer à distance mais il fallait faire vite, avait-elle insisté, non sans lui rappeler au passage leur très ancien Pacte de l'Amitié, promis-juré-craché, quand leurs menottes s'enchevêtraient, le majeur, l'Entraide, croisé sur l'index, la Parole.

Descendre te voir dans la semaine ? À Albertville ? s'était étouffée Céleste, s'imaginant bafouiller un prétexte bidon devant son chef furax. Et puis il y avait Clara, son visage navré devant son bol vide de corn flakes, ses nattes à moitié défaites ; qui s'en occuperait, des céréales et des nattes de sa fille, hein ?

Sans réellement chercher à comprendre le pourquoi d'un tel empressement, Céleste avait inventé mille prétextes pour contourner le Pacte de l'Amitié. Devant l'obstination de Céleste à se raccrocher coûte que coûte à sa petite vie telle une balle de Jokari à son élastique, Murielle avait tenté le tout pour le tout, bien obligée de dévoiler au bout du fil l'énigme qui tenait en émoi le village.

Il s'agissait d'une affaire de taille. Un imbroglio des plus macabres, avec plusieurs morts à la clé. Des empoisonnements. Au début, Céleste n'avait pas saisi pourquoi Murielle la pensait capable de le dénouer. Elle qui s'engluait dans sa petite routine, à l'abri derrière ses lunettes de myope, évitant la moindre déviation de trajectoire. Se lancer dans une enquête ? Dans le village où elle avait grandi ? Excepté son père, elle ne connaissait plus personne dans la bourgade de son enfance. Et encore, en admettant qu'elle retrouve quelques visages familiers, qu'en espérer, au juste? Qu'on lui révèle comme ça, d'un coup d'un seul, le nom du coupable? Non, ailleurs peut-être, mais pas au village. Là-bas, on ne lâchait rien. Jamais. Les mâchoires ne s'ouvraient que pour croquer dans le pain dur, conjurer le Mal ou se plaindre de l'état des chemins après l'orage; les gens partaient dans la tombe avec leurs secrets, Murielle le savait tout aussi bien qu'elle.

La conversation s'était éternisée, dans une succession d'arguments virant au dialogue de sourds.

Son portable vissé à l'oreille, Céleste regardait les tours de la Défense comme autant d'obstacles dressés devant elle. Non seulement l'échange avec Murielle l'avait écrasée de doutes, mais il l'avait surtout terrifiée. Elle y avait senti une menace. Quelque chose d'impalpable, qu'elle commençait tout juste à percevoir, les prémices d'un tout beaucoup plus vaste, en train de se tisser, dans un lien presque organique dont elle craignait qu'il ne ficèle deux récits: le sien, et celui de cette affaire de villageois intoxiqués. Un pressentiment.

Du bout des lèvres, elle avait fini par annoncer à Murielle que non, malheureusement, elle ne se sentait pas de l'aider. Illico presto, avec le sentiment d'avoir effectivement joué les mauviettes, elle avait retrouvé ses pochettes multicolores rangées au cordeau sur son petit bureau, et sur sa messagerie un second texto de Murielle: « Appelle le docteur Cerebrowicz de ma part. C'est une pointure. Plus toute jeune peut-être, mais elle a du métier. Elle t'aidera à surmonter tes angoisses. »

La claque.

Après cela, des semaines entières, pour Céleste, à ruminer. À s'en vouloir, naturellement, d'avoir déçu sa meilleure amie. À hésiter, aussi, à prendre rendez-vous chez cette fameuse Cerebrowicz, un nom auquel elle n'avait d'abord associé qu'une plaque vissée au 31 de la rue des Martyrs, dans le neuvième arrondissement de Paris : DOCTEUR MICHÈLE CEREBROWICZ, PSYCHIATRE – 3e ÉTAGE.

Encore une riche idée de Murielle, cette psy, avec sa voix aussi stridente qu'un coucou suisse et ses phrases préfabriquées répétées sur un ton de certitude, toujours les mêmes à peu de choses près, lesquelles donnaient à Céleste l'impression de s'enfoncer davantage à chaque séance : Quelque chose vous empêche d'oser, madame Wolf, Vous seule avez la clé, madame Wolf…

Franchement ! Avec ce que Céleste lui laissait, et en liquide, avec ça, Cerebrowicz aurait pu la lui donner, la clé ! L'aider à balayer ses frayeurs, à commencer par celle de revenir au village, la mettre au moins sur une piste, la faire jouer avec des associations d'idées, évoquer la symbolique des rêves, un petit coup de pouce, un indice… Mais rien. La thérapeute demeurait plus muette qu'une féra du Léman, et Céleste allongée sur une espèce de canapé en bout de course, dans un appartement ancien imprégné d'un parfum poudré, avec aux fenêtres des tentures émeraude presque noires, et toute une collection de miroirs dorés. Une fois par semaine, elle se retrouvait là, à devoir déballer ses cauchemars, un rêve affreux qui revenait hanter ses nuits de petite fille, et refaisait étrangement surface depuis sa conversation avec Murielle. Des fantômes. Exactement. Une ribambelle de revenants en file indienne, enroulés dans des draps sombres.

Elle les regardait monter de la cave, un couffin sous le bras. À son âge… Bientôt quarante ans…

Elle finissait par se lever mollement du divan, sortait son billet de cinquante euros et quittait le cabinet, encore plus vide qu'avant. Vide et lourde à la fois. Lourde de ce sale pressentiment d'être mêlée, elle et ses fantômes, à ces empoisonnements, ce dont elle s'était bien gardée de parler à quiconque. Le hic, c'était que depuis l'appel de Murielle, cette sensation ne l'avait plus quittée.

Le train a beau rouler à vive allure, il n'a pas réussi à semer l'étonnante lueur qui se faufile dans le compartiment, rien à voir avec le scintillement d'une ville dans le noir. Bizarre, remarque Céleste en écrasant sa joue sur l'oreiller, qu'aujourd'hui la nuit semble ne pas vouloir s'éteindre…

Elle remonte la couverture sur son visage, ça gratte, elle tourne et retourne son corps dans le drap SNCF tire-bouchonné, s'arrache une petite peau autour de l'ongle du pouce, ça se met à saigner. Est-ce le fait d'être partie comme une voleuse ? D'avoir laissé à Paris ce qu'elle a de plus cher ? Est-ce cela qui la rend si nerveuse ? D'un revers de la main, elle efface la vision de Clara. Ce n'est tout de même pas pour le peu de temps qu'elles passent ensemble durant la semaine que quelques jours d'absence vont changer la face du monde ! Et puis c'est trop tard, maintenant.

Dormir. Oui, si elle veut arriver d'attaque au village, elle doit se reposer. Se laisser bercer par le cahot des roues sur la voie ferrée, et dormir. Ne pas s'inquiéter de ce qui l'attend au village, et se féliciter, plutôt, d'avoir enfin amorcé un retour aux sources. Dormir ? Impossible. Cette lumière… Cette lumière l'en empêche.

Soudain son cœur s'accélère, son corps se redresse, elle en est certaine : il se passe quelque chose dehors.

D'un geste brusque, elle retire la couverture, se hisse vers la fenêtre en retenant son souffle, tend le bras pour écarter le store, quand une déchirure sourde la fend de la tête aux pieds, comme du bois sec sous les coups d'une hache.

Il ne s'agit pas d'une hallucination : dans le ciel devenu électrique, la lune la fixe, immobile. La pleine lune de la corneille… Céleste la reconnaîtrait parmi toutes les autres pour l'avoir observée des heures durant à travers la lucarne du grenier, au mazot, le chalet de son enfance. Cette lune-là, jamais on ne l'oublie. Pour les anciens du village, elle annonçait le passage de l'hiver à la clarté des premiers jours du printemps, la montée de la sève dans les tiges, le gonflement des bourgeons, l'extraction du Mal du corps des bêtes, et le retour au silence, dans les alpages que les premiers jours sans neige commençaient à rendre verts. Mais pour Céleste, cette apparition signifiait bien autre chose…

Tandis qu'elle retourne à sa couchette et ferme les yeux, son corps se renverse, comme aspiré par le passé. Trente ans déjà. Trente ans, et l'impression de n'avoir jamais vu aussi clair.

2

LES SOIRS DE PLEINE LUNE, au village, la nuit ne tombait pas. Elle sortait de terre, couchait les herbes hautes, courait sur la luzerne et glissait entre les chalets, secouant les vieilles sur son passage. Alors les corps ratatinés se redressaient, des mâchoires édentées s'échappaient quelques gloussements et des sourires étranges. Étranges et insolites pour tout ce petit monde occupé, le reste du temps, à vivoter au creux d'un village replié sur lui-même.

Ces soirs-là, chez les parents de Céleste, c'était soirée couture. Une activité comme une autre chez les gens de la montagne, habitués à accompagner les phases lunaires de toutes sortes de rituels destinés à conjurer le Mal. Secouées par l'électricité de ces nuits qui n'en étaient pas, les vieilles débarquaient au mazot tout excitées, avec à la main un sac en toile de jute rempli de torchons à repriser, de blouses usées et d'ourlets défaits. Sitôt la dernière arrivée, le manège démarrait : la voisine d'en face, l'Ancêtre, avançait religieusement vers la cave où Hélène, la mère de Céleste, les attendait.

L'Ancêtre frappait trois coups. À travers la porte, on l'entendait hurler : Hélène ? On peut descendre ?

Dans la cuisine résonnait alors un bruit sourd, métallique : le signal. La cheffe de file ouvrait la marche, et un chapelet de chevelures grisonnantes s'engouffrait dans l'escalier. La porte se refermait dans un claquement sec, et puis plus rien.

Hormis les vieilles, personne n'avait le droit de mettre les pieds à la cave. Hélène avait prétexté le manque de place au mazot pour y installer sa Necchi, une machine à coudre qui datait de l'époque des premiers téléviseurs couleur. Au sous-sol s'était monté un véritable atelier de couture, avec des bobines de fil arc-en-ciel, des rubans en forme de fleurs et des robes en dentelle. C'était en tout cas ce que Céleste imaginait. Plantée derrière la porte de la cave, tel un santon au pied de la crèche, elle devinait sa mère en train de raccommoder les frusques des voisines du village. Parce qu'il faut bien mettre du beurre dans les épinards, qu'est-ce que tu crois !

Céleste ne croyait rien. Du haut de ses dix ans, elle flairait le mensonge. Et cette odeur atroce, à cheval entre la terre mouillée et la bouse de vache, qui se faufilait par l'interstice de la porte. Même Georges, son père, semblait ignorer ce qui se passait là-dessous. Laisse ta mère faire ses affaires et file de là ! maugréait-il.

File de là… Tout le temps filer, tête baissée. Ne pas faire de vagues, s'écraser, se faire toute petite, Céleste. Disparaître.

Un jour, elle s'était enhardie : trois marches, pas une de plus. Malgré la pénombre, l'éclat d'un objet avait arrêté son regard.

Immédiatement elle avait pensé à la machine à coudre, espérant voir les doigts d'Hélène courir sur un tissu fleuri et s'appliquer à lui confectionner une jolie robe, oui, une robe rien que pour elle. Un rêve doux comme une guimauve! Mais en réalité, au plafond pendait quelque chose loin de ressembler à des rubans de satin: des masses informes, dégoulinantes, presque noires, qui s'apparentaient à des chauves-souris embrochées sur des aiguilles à tricoter. Et puis il y avait cette puanteur, toujours la même, qui piquait la gorge.

L'obscurité commençait à lui devenir familière, quand une main noueuse lui avait agrippé le bras: Qu'est-ce que tu fabriques là? Allez, file! Son père. Filer, encore filer, sans la moindre torgnole. Pourtant, une vraie claque, piquante comme le grésil, voilà, ce qu'aurait préféré Céleste: une bonne gifle, plutôt que rien du tout. Au moins, ça lui aurait donné l'impression d'exister.

Une vingtaine de minutes plus tard, les vieilles refaisaient surface. Elles tenaient leur sac gonflé de tissus reprisés comme les marmottes protègent leurs provisions de racines. L'Ancêtre, toujours en tête, avec son gros chignon en forme de nid d'oiseau à moitié défait, essoufflée comme pas deux.

Elle était aussi haute que large; un morceau, comme on disait. Et une artiste, qui n'avait pas peur de braver la neige, quand il était question de sortir ses pinceaux. En toute saison, on la voyait planter son parasol à fleurs dans le jardin, installer son chevalet et se laisser tomber sur un tabouret pas plus large qu'un reblochon. Avec soin, elle dévissait des flacons remplis de pigments obtenus à l'aide de tout un tas de plantes sauvages et de baies des environs: lichens bouillis pour les teintes jaunissantes, airelles pour les roses pâles et les bleus lavande, rhizomes de garance pour le rouge, cônes et rameaux de mélèzes pour les beiges, écorce d'aulne pour les marrons. Entourée de sa palette de couleurs, elle se mettait à peindre des scènes d'autrefois, de la cueillette des pommes sur le versant d'Hauteville à la montée des troupeaux dans les alpages (la *poya*, comme on l'appelle là-bas), en passant par la sortie des travailleurs de la mine d'argent de Peisey. Tout cela sur des planches de bois brut, avec lesquelles on décorait (bien tristement d'ailleurs) les chalets.

Quand l'Ancêtre remontait de la cave, voir Céleste faire le pied de grue près du poêle semblait tellement la chagriner qu'elle s'arrangeait pour lui glisser en douce une pièce de dix francs, bien épaisse, avec d'un côté la carte de France et, de l'autre, un paysage industriel (lequel ressemblait d'ailleurs un peu à la centrale hydroélectrique de Bourg-Saint-Maurice), et à l'oreille cette phrase énigmatique, devenue un rituel connu d'elles seules : Tu vois, petite, auprès de ta mère, on n'a plus peur de mourir.

Dans une grimace empreinte d'un mélange d'inquiétude et d'espoir, la mâchoire de la voisine se resserrait d'un coup sec, comme si elle craignait de voir s'en échapper quelque chose dont elle tenait à garder le secret.

À toute vitesse, Céleste montait se réfugier sous les combles, avec dans le crâne ces paroles qui n'en finissaient pas de tourner. On n'a plus peur de mourir… Elle ne voyait pas ce que l'Ancêtre voulait dire par là, ni ce que sa mère pouvait avoir de si rassurant, elle qui dissuadait d'un regard quiconque tentait d'empiéter sur ses plates-bandes. Mais à dix ans, on croit dur comme fer aux paroles des grands.

Sur la pointe des pieds, elle entrouvrait discrètement le carreau du grenier. Éclairée par le réfléchissement de la lune sur les toits de lauze, une farandole de dos courbés par l'arthrose et les messes basses se dirigeait cahin-caha vers le portail.

Dans le lot, il y avait la mère Ronsil, propriétaire de la plus grosse ferme du hameau, avec sa basse-cour pleine de volailles indifférentes qui vivaient uniquement pour remplir leur gésier de quignons de pain rassis. Et puis une vieille Yougoslave, Ernestine, surnommée la Pétoline, car sur sa poitrine reposait un crucifix accroché à un fil parsemé de pétoles, des crottes de chèvre séchées censées protéger celui qui les touchait du mauvais œil. Ernestine faisait partie de ces gens qui semblaient vivre de rien, sinon de croyances et de légendes. Mais arrive un jour où les histoires ne nourrissent plus. Alors la Pétoline avait cherché du travail. Naturellement, ça lui avait fait tout drôle, à Céleste, de la trouver un midi à la cantine en train de servir les choux de Bruxelles, avec sa grosse croix qui pendait dans la marmite.

Ernestine habitait avec son frère, un homme qu'il aurait sans doute fallu égorger pour lui faire décrocher un mot. En matière de superstitions, ils étaient imbattables, ces deux-là ; jusqu'à planter autour de leur chalet des pieux en aubépine et à garnir le talus de gamelles tantôt remplies de miel, tantôt d'eau bénite mélangée à du jus de cerise. Dans leur pays, on faisait comme cela pour repousser les Esprits.

À vrai dire, Céleste les craignait un peu, les deux Yougoslaves, avec leurs histoires à dormir debout. Le bruit courait que lorsqu'ils vivaient encore là-bas, ils se réunissaient autour d'organes d'animaux, foies de moutons ou omoplates de bœufs, un moyen comme un autre, du moins le leur, de prédire les dangers sur la chaîne des Dinarides.

Heureusement, depuis qu'ils habitaient le village, leurs pratiques divinatoires s'étaient assagies, se limitant à de simples échanges avec les défunts : à la lune montante, ils fermaient leur porte à double tour, calfeutraient la fenêtre pour éviter tout courant d'air, et déposaient de la poudre de graphite sur de vieux journaux. Puis Ernestine descendait à la cave récupérer son psychographe, un vieil outil de communication spirite venu d'Amérique. Elle l'avait montré à Céleste comme on dévoile la cachette d'un trésor. L'objet se composait d'un disque vissé à une surface en bois sur laquelle était gravé un alphabet circulaire. Céleste ne voyait pas bien par quel mécanisme cet instrument permettait de communier avec les morts, et sans aucune preuve de l'existence des fantômes, elle n'avait jamais vraiment cru à toutes ces histoires.

Dans la bande des voisines, il y avait aussi Josée, la plus voûtée de toutes, perchée sur ses pattes de poulet. Dure de la feuille, en plus. Du coup, des éclats de voix montaient jusqu'au grenier. Céleste ouvrait un peu plus la fenêtre, mais seules quelques bribes de phrases entremêlées de petits rires joyeux lui parvenaient.

Et le soir de la pleine lune de la corneille, dans cette atmosphère si singulière, à la fois laiteuse et étonnamment claire, quand les pentes du Mont-Joli se couvraient d'une lueur blafarde qui écrasait le relief, c'était l'effervescence. Curieusement, les bouches édentées se mettaient à sourire, les épaules à se relâcher, comme soulagées du poids des années. Les vieilles trépignaient d'impatience. D'un bout à l'autre du jardin, on les entendait glousser et, invariablement, Josée se mettait à hurler : Ce soir, une bonne cuisson au chaudron et ça repartira comme en quarante ! Hélène est une vraie magicienne !

Une magicienne ? Comment imaginer quelqu'un d'aussi tranchant qu'une arête de montagne, qui commandait un ordre parfait, les maillots de corps alignés dans l'armoire, les bols rangés à deux centimètres des saladiers, quelqu'un qui grondait lorsque les assiettes n'étaient pas saucées jusqu'à user la faïence : À la guerre, on n'a pas eu la chance de manger tout ça !, comment imaginer cette femme donner dans la magie ?

Mystère… Quoi qu'il en soit, à la fin, les petites vieilles rentraient s'enfermer dans leur tanière, leur sac sous le bras, telles des musaraignes en panique à l'idée de se faire repérer par les prédateurs nocturnes.

Dans la lueur bleutée du soir, il ne restait alors plus qu'une seule silhouette, celle de l'Ancêtre. Elle attendait un peu avant de refermer la barrière du jardin.

Et le village cessait soudain de palpiter, jusqu'à la pleine lune suivante.

3

QUAND LE TRAIN ARRIVE en gare de Chambéry-Challes-les-Eaux, le jour se lève à peine. Des gouttes d'orage traînent sur la vitre et Céleste somnole encore, sans réellement savoir si elle a dormi. Pourtant, aucun de ses muscles ne semble avoir bougé ; recroquevillée sur sa couchette comme un fœtus, elle ressasse les images charriées par les nuits de pleine lune ; des images arrachées au plus profond d'elle-même, du bout des ongles, comme on extirpe un organe de la carcasse d'une volaille.

Le départ se fait attendre.

Pour une fois, elle préférerait filer. S'éloigner de cette agglomération plus étouffante encore que ses souvenirs, coincée entre le massif des Bauges et la Chartreuse, où on l'avait envoyée dès la seconde. Parce que c'est pas dans les champs qu'on t'apprendra un vrai métier, qu'est-ce que tu crois !

À l'époque, en rejoignant la ville, même si les balades en forêt sur les hauteurs du village lui avaient terriblement manqué, même si elle avait failli pleurer quand elle avait compris qu'elle n'entendrait plus le bruit de ventouse de ses bottes dans la gadoue, Chambéry lui avait paru plutôt agréable, avec sa fontaine des « Quatre sans cul » et son château à créneaux, à peu de choses près celui reçu pour ses huit ans, un jeu de construction tout en bois garni d'une ribambelle de petits soldats en plomb et d'échelles métalliques avec lequel elle avait intérêt à jouer, parce qu'il avait coûté bonbon.

Mais surtout, elle pensait quitter l'ennui, son enfance, sa petite vie étriquée. Voir plus grand. De fait, d'imposantes bâtisses aux tons pastel avaient remplacé les modestes chalets d'alpage, des avenues bien larges, les ruelles détériorées par le gel.

Elle espérait se sentir plus légère, aussi. Sortir, dodeliner de la tête en chantonnant *L'Aziza* walkman aux oreilles, se servir de sa bouche autrement que pour manger, sourire aux gens dans la rue sans forcément les connaître, sans rien espérer en retour. Elle croyait qu'ailleurs serait mieux, qu'avant était nul, et qu'elle attaquerait l'avenir la tête remplie de projets.

À deux pas du centre historique, on lui avait trouvé un petit appartement pas donné du tout, et à partir de là, bizarrement, elle s'était mise à tout faire vite : se fiancer, mettre en terre sa vie de jeune fille, se marier. Très vite aussi, elle avait arrêté ses études et s'était acheté une belle paire de rideaux vert pomme ; symbole, pour Céleste, d'un foyer heureux. Allez savoir pourquoi. Résultat, deux pans de dentelle fine pendaient dans l'appartement, une jolie dentelle semblable à celle dessinée par l'ombre des tilleuls sur les pelouses du jardin du Luxembourg. Un voilage tellement délicat qu'on se serait attendu à ce qu'il laisse passer le bonheur.

Loin de se douter, Céleste, qu'aussi vite également son couple atteindrait cet état d'indifférence dans lequel glissent les choses trop bien huilées.

Clara est arrivée un bon moment après les rideaux. À la maternité, emmitouflé dans une couverture chauffante posée sur son ventre, le doute avait agrippé Céleste : serait-elle une bonne mère ? Transmettrait-elle à sa fille sa vision ridiculement rétrécie ? Le peu d'amour qu'elle avait connu ? Vous ferez de votre mieux, madame, l'avait rassurée la sage-femme. D'instinct, Céleste avait pris le bébé dans le creux de ses bras, et à la façon dont les petites joues chaudes et flasques avaient accueilli ses baisers, elle avait su : un lien les attachait. Plus fort que le sang. Un nœud sacré. Pourquoi, comment ? Elle l'ignorait, mais elles resteraient liées. Ensemble, elles formeraient un tout indissociable, les maillons d'une chaîne, les sucres d'un brin d'ADN, le cœur noué au corps. Oui, elles seraient éternellement liées, et du mieux qu'elles pourraient.

N'empêche que pour ses trois ans, la petite s'était vu offrir le divorce de ses parents. Mais qu'est-ce qui lui avait pris, à Céleste, de s'amouracher de cet homme au nom de tondeuse ? Maxime Wolf… Elle aurait mieux fait de suivre son intuition, de prêter attention aux propos de sa belle-mère, une grande bringue ravie d'expliquer, quand elle s'affairait à découper son rôti trop cuit du dimanche, que Maximus, ça signifie « le plus grand » en latin. Sans doute aurait-elle dû aussi écouter Murielle (même si, au début, celle-ci l'avait sérieusement asticotée, avec son air de tout savoir sur les relations amoureuses quand, à la connaissance de Céleste, elle n'avait jusqu'alors connu que celles des nombres entre eux dans les équations à deux inconnues), Murielle qui, un beau jour, l'avait sommée de jeter, ce qu'en experte du fonctionnement du cerveau elle nommait « ancrage du couple », à savoir la paire de rideaux vert pomme. Si des voilages étaient dotés du pouvoir de rabibocher les couples, s'était-elle exclamée, cela se saurait ! Il est grand temps pour toi de larguer ce type au nom de tondeuse, rien à en tirer.

De fait, aux côtés de cet homme, Céleste avait fini par devenir complètement transparente, écrasée, comme elle l'avait été par les tondeuses de son père.

Tout cela, c'est toujours plus simple à dire, après coup.

Parce que sur le moment, rien ne lui avait sauté aux yeux. La coïncidence ne l'avait même pas effleurée. Pourtant, son père en avait toute une collection, de tondeuses Wolf, entreposée dans la remise, au fond du jardin. Il les graissait, les astiquait à l'aide de jogging usés et difformes qu'il portait en toute saison. Il était allé jusqu'à leur trouver un prénom, à ses bouzines. Et Céleste ? On ne l'appelait que pour la sommer de filer, en prenant bien soin d'appuyer sur l'endroit plutôt que sur son prénom. Ça donnait : File de *là*, Céleste !

À sa place, n'importe quel gamin aurait achevé ses parents à coup de lame de tondeuse.

En réalité, elle avait préféré imaginer un combat bien plus passionnant : une tambouille diabolique, quelque chose de radical. Elle avait absolument tout envisagé, feuilletés à la ciguë, arsenic versé dans leur Ricoré du matin, ou encore marmelade de digitale, avant de retenir le pâté au cortinaire des montagnes, un champignon couleur rouille peu connu, pourtant le plus toxique de la région, avait averti madame Forclaz, la prof de sciences naturelles et de chimie. Statistiquement, la mort survenait dans plus de huit cas sur dix en moins de neuf jours, et ça, incidemment, Céleste l'avait retenu.

Impossible d'affirmer qu'à l'époque, elle envisageait le meurtre parfait ; quel enfant n'a jamais eu l'idée, rien que l'idée, de faire disparaître ses parents ?

Dans tout ça, elle pensait avoir au moins une certitude : madame Forclaz, cette amoureuse de la fonge, avait fait naître en elle une véritable fascination pour le monde des champignons, un royaume souterrain privé de paroles, où chacun parvient à trouver sa place, même les plus insignifiants, les plus discrets, les plus inodores, les plus chétifs. Les plus petits. Un monde sans hiérarchie, où le genre n'a pas d'importance, et où seule compte la naissance d'un sporophore, fille ou garçon, peu importe. Un monde auquel elle s'est accrochée, Céleste, comme on s'accroche à un chêne millénaire en pleine tempête.

Après les cours, elle se régalait en abreuvant Murielle d'histoires incroyables. Non, le plus grand organisme vivant sur Terre n'était ni l'éléphant d'Afrique, ni la baleine bleue, et encore moins le séquoia. Son amie l'écoutait d'une oreille distraite, car elle préférait, et de loin, calculer le cosinus du triangle isocèle. Invariablement, celle-ci finissait par donner sa langue au chat, et comme si Céleste avait attendu cet instant depuis des siècles, c'était avec l'excitation d'une puce piégée dans un tube à essai qu'elle brossait le portrait de l'armillaire, avec son chapeau mou aux allures de pancake recouvert de miel et son réseau mycélien de plusieurs centaines de mètres.

Pour elle, toute occasion de rejoindre la forêt était bonne. Ses terres d'exploration ? Mirbois, une immense cathédrale végétale hérissée d'arolles et de mélèzes, sur le versant sud du Mont-Joli. Elle s'y aventurait seule, sans montre ni boussole, avec pour unique repère le contraste des sapins dans le ciel.

Panier au bras, elle partait à la recherche du moindre renflement susceptible d'indiquer la présence d'un sporophore caché sous le tapis d'aiguilles de pin. Elle avait une poussée d'adrénaline, le cœur en alerte prêt à exploser à la vue de *Boletus edulis,* le monarque des champignons, tout joufflu, avec son pied obèse recouvert d'un filet de mailles blanchâtres et son chapeau de velours marron glacé. Tout, absolument tout, devait être scanné, quadrillé, jusqu'aux champs avoisinants, car c'était justement là, l'été, dans les hautes herbes, que se cachaient les boules de neige, avec leur chair suave et tendre sous la dent.

En toute saison, Céleste demeurait aux aguets. Dès le début du printemps, elle balayait du regard le tapis forestier en quête d'un hypothétique hygrophore de mars ou d'une morille. Les mollets griffés par les arcosses, ces aulnes verts couchés au sol par le poids des hivers successifs, elle foulait le sol, retournait les chapeaux, dévissait les pieds, inspectait, portait les champignons à son visage pour mieux en humer les parfums, tellement extraordinaires. Avant même de connaître leur nom, elle avait découvert qu'*Hebeloma sacchariolens*, par exemple, transpire le sucre, *Clitocybe odora* l'anis, *Inocybe cookei* le miel. Des heures entières, pour Céleste, à ne rien faire que renifler cette chair, qui possédait le pouvoir extraordinaire de laisser respirer son esprit comme elle oxygénait la forêt.

Parfois, il lui arrivait de planter ses incisives dans le chapeau d'une russule, de l'écraser entre le bout de sa langue et son palais, pour mieux la goûter. Saveur piquante ? À recracher immédiatement. Arrière-goût de noisette ? Le spécimen méritait une étude approfondie, que son *Larousse illustré* ne permettait malheureusement pas. Non, il lui fallait un guide, un vrai, pas un vieux pavé entoilé sur lequel on voyait une gamine souffler sur une fleur de pissenlit !

Avec héroïsme, elle a économisé sur les pains au lait du dimanche, mettant de côté les pièces de l'Ancêtre, dans le but de se payer *Champignons de nos pays, comment reconnaître 155 espèces*, d'Henri Romagnesi. Au bout de quelques mois, son pécule lui a permis de se l'acheter et elle a eu l'impression de devenir une grande savante. Avec un enthousiasme incontrôlé, elle a mémorisé chaque dessin, lu et relu chaque descriptif, appris par cœur les caractéristiques de chaque espèce, jusqu'à mettre un nom sur la quasi-totalité de ses trouvailles.

N'importe quels parents auraient été interpellés par de tels accès mycomaniaques. Les siens observaient de loin son agitation jusqu'au jour où, aidée de Murielle, elle avait introduit au grenier des boîtes de camembert tapissées de terreau plein de mycélium. L'idée de réussir à faire pousser des coprins chevelus, ces champignons en forme de suppositoire, avec leurs copeaux blancs sur la tête, ailleurs qu'en bordure des chemins, la faisait trépigner de joie.

C'était un mercredi après-midi. Murielle l'avait rejointe dans l'intention de réviser la chaîne alimentaire : la laitue grignotée par la chenille, elle-même gobée par le lézard qui, s'il avait un peu moins lézardé, ne se serait pas fait avoir par la couleuvre, laquelle n'aurait jamais dû finir boulottée par le hérisson. L'exercice devait être refait dans le désordre, avec une chouette, un escargot, un mulot et, toujours, la laitue. Au début, c'était amusant. Et puis elles avaient eu vite fait de ranger leur manuel et d'enfiler leur blouse pour retourner trafiquer la mélasse. Les mains crottées de terre, elles étaient tranquillement en train de refermer les boîtes, quand une voix avait tranché l'atmosphère : Faut y donc vous le rappeler, ce qu'est arrivé à l'Ancêtre, avec des machins comme ceux-là ?

D'un regard dont on ne savait dire s'il trahissait la colère ou la peur, la mère de Céleste avait désigné les fragments de mycélium éparpillés sur la table. Allez, virez-moi ça tout de suite ! L'injonction avait résonné sous les combles et dans la tête de Céleste. Dans la foulée, ni une ni deux, le substrat avait valdingué sur le sol.

Aussi catastrophées qu'impuissantes, les gamines s'étaient contentées de contempler le désastre. Du haut de ses dix ans, Murielle avait dévisagé Hélène et, avant de redescendre aux Glières, dans la vallée, elle avait tendrement enlacé son amie. De cette étreinte s'était échappée une odeur que Céleste aimait par-dessus tout : une senteur délicate de géranium sauvage, un hydrolat à base de petites fleurs mauves aux notes de poivre et d'églantine, avec lequel la mère de Murielle lissait les cheveux de sa princesse. Une jolie chevelure, couleur nectarine.

Céleste était restée le nez en l'air, désireuse de capter dans le nuage parfumé un peu de réconfort. Mais à l'espoir avait rapidement succédé une pulsion, absolument terrible : celle de tabasser sa mère avec le bâton qui lui servait à éclater le chapeau des lactaires.

En fin de compte, après cet épisode, les champignons avaient fini par trouver refuge là où il était impossible de venir les déloger : dans sa tête.

Enfin, le chef de gare siffle le départ de Chambéry.

Le train s'éloigne et déjà un entre-deux, plus tout à fait ville, ni encore montagne. Un décor morne, gris et vert, aplati par le passage de l'Isère. Si elle n'avait pas joué sa mauviette, si elle avait eu assez de courage pour descendre quand Murielle le lui avait demandé, elle l'aurait trouvé merveilleux, ce paysage, teinté du roux de l'automne, avec ses mélézins flamboyants et ses glaciers calés au creux des plus hauts sommets. Mais ce matin, les arbres dégoulinent, laissant sur les vitres de longues traînées empesées par les averses de mars.

Dans moins de deux heures, le train rejoindra la gare de Landry, après avoir traversé Montmélian et Saint-Pierre-d'Albigny. Il serpentera dans la vallée, passera par les hameaux encore endormis, il longera l'usine Carbone Savoie, une juxtaposition d'entrepôts aux couleurs délavées, où les hommes du village travaillaient le graphite. Faire un crochet par l'hôpital d'Albertville ? Ça lui ferait tellement plaisir, à Céleste, de revoir Murielle… Ce serait l'occasion de lui expliquer, de s'excuser, aussi. Lui avouer qu'elle avait tout simplement eu la trouille de se lancer dans l'enquête. Pas qu'elle soit beaucoup plus rassurée à présent, mais bon. Murielle comprendra.

Elle consulte les horaires des prochains départs de la ville olympique, quand soudain elle se ravise : aller rendre visite à Murielle maintenant ? Partager avec elle un trouble dont elle n'a même pas la queue d'une explication ? Cela n'aurait aucun sens, à part retarder sa venue au village. Un nouveau prétexte, en quelque sorte.

Alors non, Céleste ne passera pas par l'hôpital d'Albertville. Elle ne demandera pas non plus Murielle Brindoz, dans le service de neurologie, pas plus qu'elle n'ira récupérer les rapports d'autopsie, les dossiers médicaux et autres publications que lui avait destinés son amie.

En effet, elle sait désormais qu'il ne sert plus à rien de s'y esquinter les yeux, pas plus que de chercher à forer dans le cerveau des vieux du village, et encore moins de ratisser la forêt en quête d'un coupable.

Car tout s'est écrit il y a bien longtemps, dans la fraîcheur des nuits de montagne, dans la lourdeur des légendes d'hiver, dans les aspérités de l'astre blafard. Et le manège des vieilles, les soirs de pleine lune, et les paroles de Cerebrowicz : Vous seule avez la clé, madame Wolf. Ces paroles qui reviennent tourner dans sa tête, mêlées au frottement des roues sur les rails, tout cela sonne comme une évidence à présent : les empoisonnements au village, ces masses dégoulinantes à la cave, les chauves-souris sur une aiguille à tricoter, sa vie habitée de fantômes, tout est noué, et autour d'elle, Céleste. Aussi solidement que les brindilles des arcosses, quand les vieilles les étranglaient de toutes leurs forces avec des sangles pour en faire des balais.

Oui, les dés sont jetés, et depuis bien longtemps déjà.

4

IL SE PASSE QUELQUE CHOSE au village. Six mois s'étaient écoulés depuis le message de Murielle.

Lorsqu'elle l'avait lu, Céleste avait imaginé le pire, l'hospitalisation de son père, une rupture totale de faisceaux (tôt ou tard, elle en était persuadée, il s'en irait de la tête), la cuisinière laissée négligemment allumée, un accident de tondeuse, question de jours, d'heures, peut-être. Mais Murielle l'avait immédiatement rassurée : à partir d'un certain âge, la dégénérescence cérébrale n'évolue que très lentement, le dernier examen neurologique de Georges montrait un état tout à fait stationnaire.

En réalité, c'était une tout autre maladie qui préoccupait Murielle.

Une maladie en trois lettres : SLA, sclérose latérale amyotrophique, plus connue sous le nom de maladie de Charcot. Céleste n'avait pas saisi : on lui demandait de faire sept cents kilomètres, toute affaire cessante, pour s'entendre causer de paralysies, de troubles de la déglutition et d'asphyxies ? Et, surtout, quel lien avec le village ? Le village ? Parlons-en ! avait brusquement lâché

Murielle, comme si elle avait voulu se libérer d'un poids porté depuis des années.

Une petite bourgade comme tant d'autres, pas très gaie, avec ses bêtes, son lot de commérages et ses légendes, tout le monde avait toujours cru cela. Un village apparemment sans histoires, adossé au Mont-Joli, sur le replat glaciaire. Dès la fin de l'été, on y récoltait les pommes et la sève de bouleau réchauffée par les derniers rayons de soleil. Comme dans n'importe quel patelin, on y croisait des vieux, courbés, les mains rangées derrière le dos.

Un village que l'on pensait tiré d'affaire tant on s'était attaché, depuis des décennies, voire des siècles, à le préserver des âmes maléfiques. Cependant, malgré les pieux en aubépine, le miel et le tintamarre des cloches (pas un jour ne s'écoulait sans qu'on les fasse sonner à toute volée, le meilleur remède, disait-on, pour écarter les mauvais esprits), le Mal s'y était abattu, et continuait de sévir, avec toute une série de malades et de décès à la clé.

À écouter Murielle, plusieurs générations semblaient touchées, une véritable chaîne empoisonnée, à commencer par la seule survivante de l'époque, Ernestine. La Pétoline… Incroyable de penser que ses crottes de chèvre séchées et son crucifix lui avaient permis de passer la barre des quatre-vingt-dix ans. Mais dans quel état ? Constatant que la vieille femme se rigidifiait à vue d'œil, sa dame de compagnie, une certaine Nadia, l'avait fait hospitaliser à Albertville. L'âge avancé de la patiente avait laissé penser à une pathologie d'évolution très lente. Au bout du compte, et contre toute attente, le diagnostic avait été réorienté : Ernestine présentait, elle aussi, tous les symptômes décrits par Charcot au siècle dernier. Une de plus. Et depuis sa prise en charge dans le service de neurologie, elle avait soi-disant récupéré un semblant de parole. Un miracle.

D'autres habitants du village, au demeurant nettement plus jeunes, n'avaient pas eu cette chance, et au total, le hameau, une micro-miette à l'échelle de la planète, concentrait à lui seul presque autant de cas de la maladie de Charcot que la France entière.

En poussant les recherches, on s'était aperçu d'une chose : le phénomène ne datait pas d'hier. Mais il y avait encore quelques décennies, les décès n'étaient pas forcément documentés, et on mettait l'affaiblissement des vieux sur le compte du temps qui passait sur les corps résignés comme il glissait sur les versants escarpés du Mont-Joli.

Une alerte avait été lancée et un registre ouvert, présidé, au grand dam de Murielle, par son chef Bernard Lamalle, professeur émérite et responsable du service de neurologie. D'après Murielle, l'énergumène était prêt à tout pour avoir le fin mot de l'histoire et sa photo en pleine page du *Dauphiné Libéré*. Quelqu'un qui s'accrochait à ses idées comme un chien à une pièce de viande. Un vrai pitbull.

Aidé du comité scientifique, il avait tout passé au peigne fin : les liens entre les victimes, leurs antécédents, l'exposition aux produits ménagers, pesticides, médicaments, composition de la neige de culture, qualité de l'air, concentration en radon dans les chalets, revêtement des routes, alimentation, absolument tout, jusqu'aux engrais pour les bêtes. En vain.

Sa collaboratrice l'avait laissé investiguer tous azimuts, sûre d'elle : le pitbull finirait par lâcher l'affaire. En effet, à quelques mois de l'ouverture de la petite station de sport d'hiver surplombant le village, prendre le risque d'affecter la fréquentation touristique était tout bonnement inenvisageable. Hors de question, donc, d'affoler la population, et encore moins les journalistes. Tant pis pour la photo dans *Le Dauphiné Libéré*.

En fait, et depuis le début, Murielle avait sa « petite idée derrière la tête » : d'après elle, autre chose planait sur le village. Quelque chose d'assez sournois pour passer à travers les mailles du filet tendu par les scientifiques. Rien à voir, cependant, avec une quelconque manifestation des Esprits, à laquelle les anciens faisaient référence quand ils cherchaient à expliquer l'inexplicable. Non, Murielle était bien trop cartésienne pour envisager cela. Par exemple, quand Céleste prétendait que les diables de la montagne avaient aplani la roche armoriée pour s'y reposer, elle affirmait qu'il s'agissait tout simplement du processus d'érosion de la pierre. Les pillages dans les chalets étaient l'œuvre des voleurs, la mort, des maladies, les crues de l'Isère, celle du dérèglement climatique ; il n'y avait aucune sorcellerie là-dessous, et pas davantage dans l'affaire qui décimait le village.

Au téléphone, au souffle entrecoupé de Murielle, à la modulation inhabituelle de sa voix, Céleste avait perçu un réel empressement, à la limite de l'énervement. Une émotion, en tout cas, qu'elle ne lui connaissait guère, excepté le jour où elle l'avait sermonnée sur les rideaux vert pomme.

Tandis que Céleste levait les yeux vers les plus hautes tours de la Défense, elle imaginait son amie, les joues empourprées du rouge des feuilles d'automne et son pas décidé, en avance sur sa blouse d'hôpital qui traînait derrière elle. Dans son sillage, même à distance, Céleste avait cru sentir le parfum du géranium sauvage. L'odeur d'autrefois.

Quand, d'une voix aussi tranchante qu'une pince à dégainer les fils électriques, Murielle avait enfin dévoilé sa petite idée à Céleste, celle-ci avait poussé un cri aigu.

Un champignon ?

Une boule de neige lancée en pleine face ne l'aurait pas secouée davantage : incriminer un mycète revenait à s'en prendre à la chair de sa chair, à son être tout entier, à faire mal à Clara, à faire vaciller sa raison d'exister.

Et lorsque, pour appuyer son hypothèse, Murielle avait tenté de remémorer à Céleste les circonstances du décès de l'Ancêtre, celle-ci aurait presque lâché son téléphone pour se boucher les oreilles. Tant d'efforts pour essayer d'oublier cet événement qui l'avait ravagée, gamine. Pour repousser ce qu'elle avait entendu et vu ce soir-là, avec tellement de force, que son cerveau avait fini par effacer la scène. Et voilà que Murielle voulait faire resurgir le passé, maintenant…

Sa surprise estompée, Céleste avait réfléchi. À sa connaissance, aucun champignon ne provoquait à lui seul tous les symptômes de la maladie de Charcot. Il existait bien le tricholome équestre, avec sa chair jaune d'œuf (on avait eu beau le servir à la table des chevaliers, celui-là, accompagné de seigle et de gibier, il était aujourd'hui étiqueté vénéneux, trop de dégénérescences musculaires imputables à sa consommation), et, bien sûr, quelques autres espèces neurotoxiques, parmi lesquelles *Amanita muscaria*, avec son chapeau rouge sang hérissé de verrues blanches, les psilocybes aux vertus hallucinogènes, ou encore l'ergot de seigle, dont l'ingestion involontaire avait rendu fous les habitants de Pont-Saint-Esprit, dans les années cinquante. Quelle histoire ! On avait d'abord incriminé le pain, dans lequel des traces de *Claviceps purpurea* avaient été retrouvées, arrêté le minotier qui fournissait en farine la plupart des boulangeries du département, avant d'envisager l'implication de la CIA, laquelle avait soi-disant procédé, en pleine guerre froide, à des expérimentations biochimiques en pulvérisant du LSD, un dérivé de l'ergot de seigle, sur la population des Spiripontains.

Mais à part ça…

Toutefois, l'hypothèse de Murielle semblait reposer sur des fondements solides : au sein du comité scientifique, elle était la seule – Tu entends bien Céleste, la seule, avait-elle martelé – à avoir eu l'idée de pousser les recherches en dehors de l'hexagone. Ce qui lui avait permis de découvrir l'existence d'une situation similaire d'envolée de cas de SLA sur une île minuscule perdue au milieu du Pacifique, l'île de Guam.

Le simple fait d'apprendre que cet îlot paradisiaque servait d'abri à une base navale pour les forces américaines avait suffi à porter les neurones de Céleste à ébullition : on aurait dit le laboratoire de Fleming le jour de la découverte de la pénicilline.

Mais non, elle ne savait pas qu'au lendemain de la guerre des neurologues militaires avaient observé une affection dégénérative proche de la SLA chez les Chamorros, le peuple indigène de l'île. Assurément, elle n'aurait pas non plus fait le rapprochement entre le cerveau des malades et les graines du cycas, un cousin du palmier, dans lesquelles on avait également retrouvé des traces de la neurotoxine BMAA, bêta-méthylamino quelque chose, sans doute à cause des chauves-souris, très friandes de ces graines, dont les Chamorros se régalaient à leur tour. Elle n'en avait jamais entendu parler, pas davantage d'ailleurs de ce professeur Miller, détaché sur l'île dans les années soixante pour étudier le phénomène, et dont Murielle avait apparemment épluché toutes les publications.

Noyée sous un flot d'explications loin d'être toujours compréhensibles, Céleste avait fini par écouter son amie d'une oreille distraite. De temps à autre, elle jetait un coup d'œil par la baie vitrée donnant sur la salle de restaurant, jusqu'à ce que Murielle prononce un mot qui avait gravité sur les ondes, avant de percuter les tympans de Céleste, aussi férocement qu'une note de xylophone : « hydrazine ».

Céleste s'était raidie.

Évidemment que l'hydrazine lui rappelait quelque chose ! Comment aurait-elle pu oublier le cours de madame Forclaz lors duquel celle-ci avait détaillé le mécanisme d'action de ce composé chimique impliqué dans le décollage des fusées ? Surtout quand on rêvait de grimper d'une traite tout en haut du Mont-Joli pour espérer un jour attraper les étoiles.

De prime abord, elle n'avait pas saisi ce que les fusées venaient faire dans cette histoire, jusqu'à cette ultime explication de Murielle : le professeur Miller avait identifié l'hydrazine comme une piste encore plus sérieuse que la BMAA contenue dans les graines de cycas pour expliquer les altérations neurologiques des Chamorros. Et où trouvait-on de l'hydrazine ailleurs que dans le polystyrène, les airbags ou les moteurs de fusées ? Hein ?

Murielle sous-entendait non seulement que l'hydrazine était tout à fait capable de se nicher dans les métabolites de certains champignons, mais aussi qu'il existait un lien entre cette substance hautement toxique et la maladie de Charcot.

Elle avait prévu un plan ficelé au millimètre pour permettre à Céleste de débusquer l'espèce en question : enfiler des bottes en caoutchouc, quadriller la forêt, patrouiller, scanner le sol, étudier les biotopes, cueillir, sentir, disséquer, analyser. Pas bien compliqué, à l'heure où l'on parvenait à identifier des fossiles de mycélium vieux de quatre cents millions d'années !

Céleste relirait aussi chaque page du Romagnesi, s'il le fallait. Chapitre après chapitre. Elle éplucherait les publications, les rapports d'autopsie, les dossiers médicaux, et bouclerait le tout en allant à la pêche aux informations dans les chalets voisins.

À une enfant du village, Murielle en était convaincue, ils avoueraient. Ils dévoileraient leurs tambouilles, peut-être même leurs coins ou ceux de leurs parents, les petits secrets de cueillette transmis de génération en génération. Ils briseraient le mur du silence.

Mais il fallait faire vite, car le nombre de malades ne cessait de croître et le registre ne serait pas indéfiniment subventionné. Faire vite, et en toute discrétion : l'hypothèse de l'empoisonnement des villageois par un mycète devait rester entre elles seules. Interdiction absolue, surtout, d'en parler à Bernard Lamalle si Céleste le croisait un jour dans les couloirs, à supposer, bien sûr, qu'elle se décide à se rendre à l'hôpital pour récupérer les pièces du dossier. Parole, promis-juré-craché, elle ne lâcherait rien. La masse d'informations déversée par Murielle l'avait tellement assommée que l'identification de l'espèce renfermant la toxine retrouvée soixante ans plus tôt dans le cerveau des Chamorros lui avait semblé insurmontable. Autant que de chercher une luciole en plein jour.

5

QUAND CÉLESTE A GAGNÉ le village, au moment de passer l'orée de Mirbois et de pénétrer dans la pessière dégoulinante des averses de la nuit, elle s'est de nouveau demandé d'où lui était venu le sentiment d'être impliquée dans cette affaire sordide.

En effet, hormis le lien évident avec les champignons, aucune corrélation ne pouvait être établie : elle vivait maintenant à des lieues des moisissures sacrées, dans le béton et les klaxons, et aucun membre de sa famille, à sa connaissance, n'avait été atteint de la maladie de Charcot.

Malgré cela, la sensation s'était plaquée sur elle, telle une vilaine décalcomanie. Et plus Céleste approcherait du petit chalet triste et écrasé de ses dix ans qui abritait encore son père (elle était à peu près sûre de le retrouver prostré dans son fauteuil, avec sa petite-laine-sur-les-jambes), plus elle approcherait aussi de cette fichue cave dans laquelle elle pressentait maintenant le pire. Ses antennes.

Bah ! Il sera bien temps de s'en faire, songe-t-elle en entrant dans le sous-bois. Elle restera là encore un peu, à flâner, à faire rebondir son pas sur l'humus comme sur une éponge humide, à reprendre contact avec cette terre riche et généreuse, où même les petits êtres privés de lumière parviennent à s'épanouir. Elle attendra que le soleil de mars, plutôt timide, culmine dans le ciel, pour faire demi-tour et prendre le chemin de terre qui mène au village, tout au bout, là où la vue se resserre sur le mazot.

Pour l'heure, direction le torrent de Jomel, sur les hauteurs. Avant, à cette période de l'année, on était habitué à la neige, à forcer sur les tibias pour tracer son chemin dans la poudreuse, à marcher dans le brouillard, le cœur au bord des lèvres faute de points de repère, alors que là… Il fait déjà chaud pour la saison, un air humide plane sur les sapins, seules quelques plaques de neige résistent, découvrant des amas de terre détrempée.

Avec son sac à dos jeté sur l'épaule, son jean un peu court et ses baskets, Céleste n'est vraiment pas habillée pour s'aventurer dans un endroit pareil. Et encore moins pour traverser la pessière gorgée de pluie sur un sentier tortueux de haute montagne, faisant glisser ses semelles sur les touffes d'herbe mouillées.

En fait, elle s'est toujours plus ou moins sentie comme cela : en décalage. Un peu comme une marmotte albinos : à mi-chemin entre un loupé de la nature et une espèce rare. Pourtant, quand on l'aperçoit, le soir, emprunter l'escalator de la Grande Arche de la Défense et remplir son caddie au Franprix du coin, on pense qu'elle mène la vie de millions de personnes. Une existence comme tant d'autres, oui, aussi plate qu'une limande-sole. On est loin de s'imaginer qu'elle ne sait pas rester plus de trente secondes sous la douche sans loucher sur le carrelage de la salle de bain, tout ça pour traquer les moisissures incrustées entre les carreaux de faïence. Et les poils du chat ! Qui penserait un seul instant qu'une fois Clara couchée, elle fonce chercher la brosse de Felix avec la même frénésie qu'un gamin attrape un paquet sous le sapin, simplement parce qu'elle rêve d'y dénicher *Microsporum canis* ? Et que dès qu'elle ouvre la porte du frigo, c'est dans le secret espoir d'observer *Penicillium camemberti* sur les croûtes de fromage, ou la chancissure sur les tranches de butternut trop longtemps laissées sous cellophane ? Personne, effectivement, ne devinerait cela. Sans doute parce que personne ne sait à quel point les gens passionnés sont capables de tout, sauf d'être des gens ordinaires.

Le torrent est à quelques encablures, à présent. Du sentier de la Perrière, Céleste l'entend, tumultueux, près du sillon en lacets qui mène au toit du monde, un des endroits les plus clairsemés de la forêt où trône une roche armoriée devenue aussi plate qu'un galet de rivière. C'était ici que les diables de la montagne venaient repérer leurs proies. Poussa ! Poussa ! Poussa ! Ils avaient beau pousser les blocs de pierre de toutes leurs forces, jamais ces derniers ne roulaient jusqu'aux potagers, n'écrasaient les habitations ni ne faisaient déborder le ruisseau, car les cloches veillaient. Chaque jour on les faisait carillonner. Des sons cristallins retentissaient dans les alpages, jusqu'au fin fond de la vallée. Assise en tailleur sur le rocher plat, Céleste adorait les écouter tout en chuchotant les dialogues des créatures malfaisantes. Des refrains qu'elle connaissait par cœur à les avoir tant de fois répétés lors des veillées au coin du feu.

De là-haut, la forêt resplendissait de plus belle. Elle respirait au rythme des saisons, forte de ce que chacune renfermait de trésors. Le village, en revanche, avec ses toitures en lauze d'un gris sale et ses vieilles ratatinées, faisait définitivement partie de ces endroits où rien ne bouge, et où l'on a l'impression, au choix, d'avoir éternellement dix ans ou d'être déjà mort. Dans les deux cas, un petit monde étouffé qui semblait vivoter sous le poids d'une ombre maléfique.

Mais tout ceci n'avait finalement pas beaucoup d'importance, car là-bas, elle était Jane, elle était Laura Ingalls, Nikita, tout, sauf cette préadolescente un peu ronde aux cheveux courts qu'on traitait de boulet de Babar.

Ça y est, l'humidité a pénétré ses semelles. Céleste n'aime pas cette impression de s'affaisser dans le sol ramolli par les hivers trop doux. Elle va essayer de grimper encore un peu, trouver une terre durcie par le froid du matin.

Entre les pylônes du téléski du Diableret, plusieurs troncs d'arbres entravent son chemin. Elle les enjambe, jusqu'à apercevoir, près de l'arrivée, là où, en pleine saison, on entend les perches s'agglutiner bruyamment avant de redescendre, un arbre décapité. Une énième attaque humaine. Gamine, elle aurait passé des heures accroupie près de ce sapin fraîchement coupé, à compter et recompter les cercles concentriques gravés au cœur du bois blessé, surprise de constater que jamais elle n'arrivait au même résultat. De deux choses l'une, concluait-elle : soit elle ne savait pas compter, soit les arbres échappaient à toute logique, notamment à celle du temps qui passe.

Une question qui aujourd'hui ne se pose plus ; délestée de son sac à dos, elle s'agenouille, son doigt se contente de glisser sur les fibres du tronc, de l'écorce vers le cœur du bois. Revenir au point de départ. Rembobiner son existence en accéléré, et ses fantômes avec. Atteindre cet état de quiétude que les vieux de l'époque semblaient si bien connaître, eux qui donnaient l'impression d'avoir tout vu, tout compris. Un état d'acceptation, ou de résignation, dans lequel chacun paraissait apprivoiser la mort, à sa façon. Untel y allait de ses petites superstitions, unetelle de ses croyances ou de ses prières. Même l'Ancêtre, avec sa ritournelle aux airs de comptine pour enfant : Tu vois, petite... Auprès de ta mère, on n'a plus peur de mourir. Céleste ne comprenait rien, mais peur ou pas, la voisine était morte. Comment ? Elle n'avait jamais voulu s'en souvenir. Murielle avait eu beau lui rappeler qu'il s'agissait d'une sombre histoire de champignon vénéneux, le cerveau de Céleste avait refoulé la scène. À croire qu'à l'époque, quelqu'un lui avait bandé les yeux. En définitive, de la disparition de la voisine, elle n'avait conservé qu'un flash : l'image d'une chose brune qui tremblotait sur un morceau de tissu blanc, comme un bout de méduse brûlée sur un champ de neige. Hormis cette vision, ne demeurait dans sa mémoire qu'une succession de bruits bizarres : le ding-dong de la cloche de l'entrée, un cri étouffé et la voix de Chapus, le médecin de la région. Quel bon à rien ! Ch't en foutrais, de tous ces toubibs qu'ont fait des études ! grognait sa mère. On avait entendu un gros boum, vingt-trois coups avaient retenti à l'horloge de la cuisine, après quoi Chapus avait fait appeler Lino, le fils de l'Ancêtre. Le berger.

Céleste s'enfonce dans les profondeurs de la forêt en repensant à cet homme étrange, Lino.

Elle en garde un souvenir mouvant, l'ondulation d'une cape en lainage dont il ne se séparait jamais, quelle que soit la saison. Une immense pèlerine surmontée d'un chapeau à larges bords duquel s'échappaient quelques mèches en bataille. Les jours qui avaient suivi la disparition de sa mère, il s'était emmuré dans le silence, tel un plomb de pêche dans les profondeurs de l'Isère. Plus jamais on n'avait vu sa cape virevolter dans les alpages. Ni entendu son *Ya!* quand il ordonnait le rassemblement du troupeau. La plupart du temps, il restait assis dans l'enclos, le regard douloureux, au milieu de ses bêtes qu'il lui arrivait de laisser sans le moindre brin de paille à se fourrer dans la panse. Quand les gens du village le taquinaient en lui demandant ce qu'il fichait là, invariablement il rétorquait la même chose, une des dernières phrases qu'on l'avait entendu prononcer : Rien qui vaille, gars, rien qui vaille, j'regarde l'herbe y pousser… On se moquait. Céleste était la seule à ne pas sourire ; de toute façon, on ne le lui avait jamais appris.

À cette époque, Hélène, elle, s'était déridée. Quelque chose en elle avait changé. Oh, ça n'avait pas duré, mais son visage s'était fait plus doux, en tout cas lorsqu'elle s'adressait à Lino. Céleste se souvient parfaitement des allées et venues de sa mère entre le mazot et l'enclos. Son tablier noué autour de la taille, elle foulait les champs d'un pas alerte avec, à la main, un Thermos de tisane concoctée à base de plantes du jardin. Pour l'aider à se requinquer. C'est un bon gars, martelait-elle tandis que les feuilles infusaient dans l'eau bouillonnante, un bon gars, mais depuis le pépin arrivé à sa mère, on l'entend plus. C'est le mouron.

Le mouron ? Céleste ne saisissait pas bien comment les soucis, aussi gros fussent-ils, pouvaient rendre à ce point muet. Mais surtout, elle s'étonnait de voir sa mère porter tant d'attention à un homme qui n'avait même plus la force de nourrir ses chèvres.

Céleste se trompait peut-être, mais elle avait l'impression que la mort de la voisine avait regonflé le cœur de sa mère, lequel lui paraissait parfois plus sec qu'un balai brosse. Elle avait alors cru que les gens étaient comme les papillons, capables de grandes métamorphoses.

Sur les hauteurs de Mirbois, la brume s'est levée. Bientôt, le soleil atteindra le zénith. Céleste se tient la poitrine ; un nœud s'est formé au creux de son estomac. Diable ! Qu'il s'en aille !

S'enfuir, elle aussi ?

S'égarer dans les méandres des bois sombres, tendre l'oreille, sans rien capter d'autre que le bruit hypnotique des aiguilles de pin sous ses pas et le toc-toc des casse-noix mouchetés dans les cônes des arolles. Se blottir sous les mélèzes, sur la mousse détrempée, s'enivrer de l'odeur entêtante de l'humus après la pluie, contourner le rocher aux girolles, au niveau du panneau numéro sept de l'ancienne piste Golet, fermer très fort les yeux dans la descente et se laisser glisser tout en bas, jusqu'au grand faou, l'arbre aux fées. Un hêtre majestueux, autour duquel, selon les anciens du village, les elfes venaient dessiner des cercles magiques, et danser à la nuit tombée.

Si l'envie lui prenait d'oublier qu'elle allait devoir quitter la forêt pour le mazot dans quelques minutes, si elle se décidait, pour une fois, à rêver un peu, elle courrait l'enserrer, l'arbre de son enfance. Elle calerait sa tête entre ses racines et resterait comme ça, à même le sol, à regarder des hordes de licornes voler dans ses ramures, à tendre le bras pour attraper la sève. Du bout des doigts, elle la malaxerait, jusqu'à la transformer en perle d'ambre.

Et voilà qu'une autre perle, liquide celle-ci, se met à rouler sur sa joue.

En effet, dans sa petite vie d'aujourd'hui, elle aurait beau embrasser le grand faou en fermant très fort les yeux, le rêve ne trouverait plus la moindre place. Pour un peu, derrière ses paupières closes, elle risquerait même de voir réapparaître la Céleste qu'elle aurait préféré ne jamais connaître, celle avec son tee-shirt Goldorak et sa salopette de bûcheronne, celle qui avait pour habitude de venir se frotter à l'écorce de l'arbre, parfois jusqu'à en saigner, dans un mouvement de va-et-vient qui lui griffait le corps et la tête, comme si elle avait cherché, en s'agitant de la sorte, à arracher ses cheveux déjà trop courts. Il faut les couper à la lune descendante, ça repoussera moins vite ! Elle revoit sa mère s'approcher de son visage, armée de sa paire de ciseaux à bouts ronds. Un vrai garçon manqué, la gamine ! C'est ce qu'on disait d'elle au village, lorsqu'elle traînait dans son sillage ses mèches ratiboisées et la perception de n'être que le fruit d'une défaillance biologique.

Pour ravaler ses larmes, elle lève les yeux vers la cime des arolles. Ça y est, les rayons de la fin de l'hiver ont enfin trouvé la force de passer entre les branches. C'est l'heure.

6

LE SOLEIL A DÉJÀ COMMENCÉ à décliner quand Céleste arrive au mazot.

Son regard navigue dans la pénombre, heurté par un fatras d'objets. Il y a toujours la grande échelle en bois permettant l'accès au grenier, posée près de la cuisinière en fonte émaillée. Une savonnette à l'amande toute craquelée sur le rebord de l'évier. Et, au-dessus du bac en émail, un vieux placard que ses parents verrouillaient à l'aide d'un petit crochet, à travers lequel Céleste devine la vaisselle telle qu'elle l'avait connue, avec les verres en pyrex, le saladier en grès et les trois bols à oreilles bretons achetés lors des vacances à Pornic, empilés, à côté desquels on rangeait un quatrième petit récipient en plastique Goldorak, dont personne ne s'était jamais servi. Parfois, Céleste se demandait si ses parents ne faisaient pas exprès de laisser, ici ou là, des objets sans propriétaire.

À côté du sas d'entrée, enfin, exactement à la même place, le fauteuil en velours moutarde de Georges, comme aimait le préciser Hélène, pour qui la possession semblait parfois plus importante que les objets eux-mêmes, et que la présence de ceux qui s'en servaient.

Ça lui serre le ventre, de revoir tout ça. Un grenier à lui tout seul ce mazot qui avait été le sien, où la vie s'est bel et bien arrêtée. Elle regarde vers le fond de la cuisine pour découvrir que la porte de la cave interdite n'a pas bougé non plus : des planches toujours aussi sombres, avec des veines presque noires formant de grandes ellipses, assemblées à l'aide de charnières toujours aussi rouillées. Et le cadenas.

Tant de souvenirs… Combien de fois sa mère avait-elle déposé sur le carrelage sa cuvette remplie de sel et d'eau citronnée, mis son tablier, retroussé ses manches et frotté minutieusement l'objet métallique ? Il fallait que ça brille. Et le cadenas rutilait. C'est pour empêcher les p'tites bécasses comme toi de descendre, qu'est-ce que tu crois ! Allez, file ! jappait-elle d'une voix aussi sèche qu'un pierrier de montagne, prête à verrouiller l'entrée de la cave.

Céleste sursaute.

Elle empoigne le cadenas devenu terne et, avec lui, tout ce que l'inaccessible continue de recéler de mystère.

Qui pourrait lui interdire de tourner la clé, désormais ? Son père ? Deux calots vitreux coupés du monde, en surplomb d'une barbe clairsemée et d'un haut de jogging usé, le tout enfoncé dans un fauteuil devenu dix fois trop grand pour lui. Son père… Comment a-t-elle pu rester si longtemps sans donner de nouvelles ? Sans avoir eu l'envie, du moins l'idée, de venir le voir ? Sa dernière vraie visite remontait à quand ? C'est bien simple, sa mère était encore en vie, et Clara pas plus haute qu'une baguette de pain. S'excuser de son absence ? Chercher à se faire pardonner ? Mais elle n'a commis aucune faute ! Elle n'a *rien* à effacer. Rien du tout. Elle est née comme cela, c'était inscrit dans l'ordre du cosmos, dans l'agencement des chromosomes, dans l'oscillation du psychographe. Adieu, le fils tant attendu, dont on espérait qu'il travaille les parcelles du grand-père et fasse taire les chèvres quand elles se mettent à bêler comme des pleureuses. Aux oubliettes, le successeur ! Avec une pisseuse comme elle disparaissait la lignée des Rancé (un nom de famille qu'elle n'avait jamais aimé, parce qu'il lui rappelait l'odeur de pâte à modeler du beurre périmé ; celui de Wolf n'était guère plus réjouissant, mais il lui avait permis d'obtenir l'assentiment de son père).

Et son prénom. Parlons-en de son prénom choisi à la hâte ! Franchement, Céleste… Un cadeau du ciel ? Comment croire un bobard pareil ? Sa mère traitait les vieilles de grenouilles d'eau bénite, elle avait manqué de crucifier le curé quand il était passé au mazot réclamer une participation pour la restauration du clocher, et c'était tout ce qu'ils avaient trouvé, le ciel, pour se justifier de l'avoir affublée du prénom de la potiche du gros Babar, avec son col Claudine et sa couronne en plastoc sur le crâne ? Cent fois on lui avait mis le *Larousse* sous le nez, à la lettre C, histoire de lui prouver qu'il n'avait jamais été question de la ridiculiser, cent fois elle avait lu derrière les lignes qu'on avait cherché à lui faire payer quelque chose. Et que sa vie tout entière se réduirait à un second rôle. Un tout petit second rôle.

Oh, que oui ! Elle leur en avait voulu. Pour un peu, elle leur aurait balancé ses soldats de plomb en pleine face, et le château avec. Elle se serait arraché les oreilles plutôt que de sentir les vieilles l'observer du coin de l'œil, de les entendre répéter, sur ce ton de désolation : *A gament qu'arrive comme ça, ça donne rien qui vaille*. Comment ça, comme ça ? Elle ne comprenait pas. D'ailleurs, elle n'avait jamais compris, elle aurait maudit la terre entière et en même temps, elle se sentait tellement coupable d'avoir déçu son monde… D'avoir poussé comme une mauvaise herbe, là où on ne l'attendait pas.

Pas d'excuse qui vaille ! Ni de raison de jouer plus longtemps la potiche devant la porte de la cave. Avec au ventre l'appréhension des premières fois, elle tourne la clé dans le cadenas. Un petit déclic, presque inaudible, se fait entendre.

Elle inspire profondément, ferme les yeux, retient son souffle, comme font les gamins du haut du plongeoir. La fraîcheur la fait frissonner.

Les mains tendues, elle tâtonne la pénombre, fait quelques pas, se cogne contre un meuble aux allures de vieille commode. Était-ce là-dessus que sa mère retouchait les fripes des vieux du village ? La machine à coudre a disparu et, au sol, aucune bobine de fil, pas de rubans ni de boutons, juste le métal argenté d'une aiguille qui brille dans le noir, une aiguille de tapissier, avec un chas bien large.

Dans le renfoncement, sous la voûte en pierre, plusieurs cadavres de bouteilles, un arrosoir et, au fond, un poêle en fonte quasiment identique à celui de la cuisine. À ceci près que ce poêle-là, dont le conduit donne directement à l'arrière du jardin par un soupirail, semble avoir contenu non pas du bois, mais du charbon. La cave est-elle si humide pour justifier la présence de cette installation ? Non, sauf à penser que Paris a désactivé son odorat, ça ne sent pas le moisi. Aucune infiltration, un mur parfaitement sec au toucher, et ce, en dépit de la fonte des neiges de printemps.

Donc ?

Donc ses jambes ont beau être lasses de sa balade matinale à Mirbois et de la nuit passée dans le Paris–Bourg-Saint-Maurice, elle n'a pas le choix : il faut tenir. D'abord parce que personne n'arriverait à la localiser dans ce sous-sol sordide, ensuite parce qu'elle le sent, c'est là, dans cette obscurité trop longtemps interdite, que se cache une partie de l'histoire.

Son pied avance sur la terre battue. Au moindre faux pas, elle a l'impression qu'elle pourrait s'écrouler. Maladroitement, elle trébuche sur une masse sombre, une espèce de matelas fait de matière sèche, pas très long mais assez épais, autour duquel on a visiblement piétiné le sol, comme pour le durcir.

Elle se baisse.

Quelle odeur infecte ! Le relent d'autrefois… Il s'engouffrait sous la porte de la cave, s'infiltrait dans la cuisine, jusqu'à s'incruster dans les torchons. Ce n'est plus la même puanteur, certes, mais sur cet amas subsiste un soupçon de fumée de broussailles brûlées au bord des champs. De la paille ? Du fumier. Oui, à la palpation, cela ressemble à un mélange d'aiguilles de pin, de crottin et de petits morceaux de bois pourri.

Brutalement son corps se redresse, et à la vitesse d'une boule de flipper, ses yeux balaient l'obscurité, de l'arrosoir au soupirail, du soupirail au poêle en passant par la commode, impossible pour Céleste de fixer le regard : ce décor réveille une impression de déjà-vu, unc empreinte dans sa mémoire… Une gravure ! Elle ferme les yeux pour rassembler ses pensées, et peu à peu l'image se dessine. En noir et blanc. Une illustration présentée dans les dernières pages du Romagnesi, juste avant les planches en couleurs, à la fin du chapitre consacré à la technique de la culture du champignon de Paris, *Agaricus bisporus*. Soudain son cœur s'accélère. Tout y est. Comme si chaque élément de l'installation souterraine qu'elle avait devant les yeux était la reproduction du livre qui lui avait appartenu.

Rien ne manque. À l'époque, on produisait le mycélium dans des caves, sur des litières comme celle-ci, bien épaisses, composées de matières organiques qu'on humidifiait de temps à autre, et quand le crottin n'était pas assez frais pour fermenter et dégager une chaleur suffisante à la fructification, on plaçait le substrat près d'un poêle. Un poêle… Un arrosoir… Sa mère… Sa mère mycicultrice ?

D'un geste brusque, elle saisit l'ampoule suspendue et la dirige vers le plafond. De part et d'autre de la cave, plantés dans la pierre, plusieurs crochets en ferraille retiennent des fils aussi épais que ceux avec lesquels sa belle-mère saucissonnait le rôti du dimanche. Des cordes à linge ? Mais on ne fait pas sécher de linge, dans un endroit pareil ! Pas plus que l'on n'y coud !

Dans un mouvement de recul, elle détourne la tête, éblouie par l'évidence. Hélène ? On peut descendre ? À nouveau la voix de l'Ancêtre, les soirs de pleine lune, cette voix rocailleuse suivie d'un bruit sourd, dans la cuisine. La percussion du tisonnier sur le conduit du poêle… Au signal, le chapelet de chevelures argentées s'engouffrait dans l'escalier. Et ensuite ?

Ensuite, Céleste ignorait tout du rituel qui se tramait là-dessous, dans cette odeur nauséabonde, une fois la porte close. Mais désormais, elle n'a plus aucun mal à l'imaginer : à la lueur d'une ampoule suspendue, sa mère piquait le pied des mycètes issus de ses cultures. Ah ça ! Elle jouait bien de l'aiguille, Hélène, mais pas pour recoudre les ourlets défaits ! Elle enfilait les champignons sur du fil bien épais, avant de les faire sécher, tête en bas. De grosses cervelles, accrochées au-dessus du poêle. Des brochettes de chauves-souris. Et quand les vieilles débarquaient, les soirs de pleine lune, le moment était venu de les faire délicatement glisser le long des cordelettes, et de procéder au remplissage des sacs en toile de jute.

C'était donc ça qu'elles protégeaient comme leurs bébés, les vieilles ? Des champignons séchés ? Mais sa mère les avait en horreur !

Non contente d'avoir anéanti les rêves de Céleste (celle-ci ne comptait même plus le nombre de fois où on l'avait rabrouée, lui assénant que « myco quoi ? » n'était pas un vrai métier), elle avait envoyé valser les boîtes de camembert avec une telle haine.

Enfin ! Céleste n'a pas la berlue ! Ce décor est bien là, aussi réel que le tambourinement de son cœur dans sa cage thoracique. Elle plaque sa main sur sa poitrine, avec l'impression que soudain, le sol se dérobe. Le simple fait de penser qu'elle pourrait croupir ici, affalée dans cet endroit sordide, lui donne la nausée. Elle s'efforce de déglutir, simplement de déglutir. Cette sensation de perdre pied, tout à coup, elle ne la connaît que trop bien. La dernière fois, elle a fini à l'infirmerie, au niveau -1 de sa tour de la Défense, avec les jambes en l'air, un sucre sous la langue et un sac en plastique sur la tête.

Mais aujourd'hui, elle doit lutter. Clara a besoin d'elle. Que lui raconter, à sa fille, si elle rentre sans explication ni réponse ? Maman est partie comme une voleuse, tout ça pour quoi, au juste ? Pour trouver une piste susceptible d'éclairer Murielle ? Ou bien pour découvrir une partie de sa propre histoire ? À vrai dire, elle n'en sait rien. Tout s'entrecroise, tout s'emmêle, et dans sa poitrine, son cœur tape de plus belle.

Alors elle se met à respirer bruyamment, elle inspire, pose une main sur son ventre, bloque, expire, laisse tomber ses épaules, grosso modo les étapes d'une technique de relaxation lue dans *Femme & Moi*. Elle inspire encore à fond en gonflant le ventre à la façon d'un crapaud, surprise de constater qu'un peu de force lui revient. Suffisamment, en tout cas, pour s'accroupir et réussir à concentrer son attention. Oui, malgré l'obscurité, ses yeux scrutent le sol à la recherche du chaînon manquant, de l'indice ultime, de l'élément capable de transformer l'hypothèse en preuve, et le doute en certitude.

Si elle avait su.

Elle serait immédiatement remontée, plutôt que de passer et repasser sa main sur la terre battue, dans tous les recoins, jusque sous le poêle. Elle n'aurait pas arrêté son geste sur ce je-ne-sais-quoi tout dur près des cadavres de bouteilles ; après tout, dans la pénombre, il était facile de le confondre avec un morceau de charbon. Ou un fruit sec.

Parce qu'à présent, agenouillée dans la poussière, avec dans le creux de sa main cette chose pas plus grosse qu'une coquille de noix, dont elle n'ose penser qu'il puisse s'agir d'un morceau de champignon fossilisé, elle n'arrive même plus à déglutir.

Son corps se relève, mal assuré. Elle tente de reprendre son souffle, ça lui permettrait peut-être de crier, mais seuls quelques filets d'air aux relents de crottin pénètrent dans ses poumons. Son esprit vacille. Comment ne pas faire le lien avec la petite idée de Murielle ? De là à imaginer que sa mère elle-même…

Sa vue se brouille, elle se pince.

Sa mère ?

À cet instant, seule l'odeur lointaine du fumier rappelle à Céleste qu'elle est encore là. Impossible de dire si ce qu'elle vit appartient au présent ou bien au passé, d'ailleurs elle a l'impression de ne plus rien savoir du tout, sinon que ses orteils sont en train de s'enfoncer dans les semelles trempées de ses baskets, et ses baskets dans la terre de la cave.

Dans un ultime effort, ses doigts parviennent à agripper la rampe de l'escalier. Il ne lui manque pas grand-chose pour atteindre la cuisine, mais un bruit la retient : quelque chose que l'on écrase sous le pas, une sonorité sèche, discrète. Ce craquement ne s'est pas fait entendre, tout à l'heure, quand elle est descendue. Ou peut-être que si, elle n'y a tout simplement pas fait attention.

Elle se baisse.

Au pied de la première marche, une plaque. Un rectangle de verre désormais brisé, entouré d'un cadre en bois demeuré intact. Elle en attrape un morceau, découvrant la photo d'un jeune enfant au teint pâle, que la froideur de la cave a rendu presque bleu. Un blondinet, apparemment. Avec une houppette plantée sur le haut du front. Il ne lui dit rien, ce gamin. Et pourtant… Pour mieux le détailler, elle approche l'image de son visage quand un autre bruit, une espèce de cacophonie cette fois-ci, retentit soudain. Elle tend l'oreille. Des pas, une voix, une chaise grinçant sur le carrelage. Quelqu'un est à l'étage. Avec son père ?

7

Lorsque Céleste remonte de la cave, une seule idée la préoccupe : s'assurer qu'elle n'a pas rêvé. Fébriles, ses doigts tâtent la poche boursouflée de son jean, où elle a pris soin de glisser la chose trouvée sur la terre battue du sous-sol.

Elle compte bien aller s'oxygéner dans le jardin. Pieds nus. Sentir le frais, les gouttelettes sur le parterre de luzerne, les fibres de l'herbe se détendre au contact de sa peau, sentir le vent raviver ses neurones. Il ne lui en faut pas moins pour reprendre des forces avant d'aller examiner le rogaton à la lumière du jour.

Une odeur de poireau écœurante s'échappe de la cuisine, tandis que devant la gazinière s'agite la tignasse d'une inconnue. Une femme toute frisée, avec des hanches dodues comme un violoncelle. Jamais vue. Céleste la regarde du coin de l'œil attraper une manique, égoutter le panier plongé dans l'eau bouillonnante de la cocotte, s'essuyer les mains sur un tablier élégamment noué autour de sa taille, un de ceux brodés avec des edelweiss, sur lesquels Hélène avait pour habitude de verser quelques gouttes d'eucalyptus. Y faut qu'ça sente le propre, qu'est-ce que tu crois !

Céleste se glisse le long du mur de pierre, espérant ne faire aucun bruit. Mais son pas fait craquer le plancher et, aussitôt, la femme se retourne. Ses doigts quittent la cocotte, et une poignée de main des plus chaleureuses se tend en direction de Céleste :

– Vous êtes la fille de Georges, c'est ça ? Je vous reconnais, c'est vous, sur les photos ! Vous n'avez pas changé. Moi, c'est Nadia, enchantée, fait-elle tout en frottant vigoureusement son autre main sur le tablier.

C'est donc elle, la fameuse Nadia ? La dame de compagnie d'Ernestine qui, à présent, veille sur son père, et sur laquelle Murielle n'a cessé de tarir d'éloges ? Céleste n'a pas l'air ravie de la trouver ici, au mazot. Qui plus est, avec un tablier d'Hélène autour de la taille. Qu'est-ce qu'elle croit ? Qu'un vulgaire morceau de tissu va l'aider à marquer son territoire ?

C'est affreux, elle se prend à parler comme sa mère, tout à coup. Nadia sourit, coincée entre la cuisinière et un bouquet de lilas piqué d'hellébores verts fraîchement cueillis. Une gerbe absolument identique à celles déposées par les voisines sur la tombe d'Hélène. Deux ans plus tôt.

Les obsèques s'étaient déroulées sobrement, sans église, sans cérémonie non plus.

Longtemps Céleste s'en était souvenue avec une précision bizarre. Le cortège des villageois replié sur lui-même, ces silhouettes familières recueillies sur la tombe, encore plus tassées qu'avant, même si, dans l'ensemble, le village avait beaucoup rajeuni.

A cosu avé fi dè frevoula! s'étaient exclamé les vieilles, cherchant à faire savoir qu'elles s'étaient donné bien du mal pour coudre les habits de la défunte avec du fil de février, un fil de chanvre béni lors des veillées de la Sainte-Agathe ; il protégeait de l'infiltration des Esprits sous terre, elles y croyaient tout autant qu'aux gamelles de miel et aux crottes de chèvre séchées. *A cosu avé fi dè frevoula!* Leurs cris s'étaient accompagnés du signe de croix.

Avant que la pierre ne se referme, une voix s'était élevée du cimetière : Paix à ton âme, Hélène, tu vas enfin pouvoir le rejoindre ! Céleste s'était retournée, balayant l'assemblée du regard, à la recherche de celle qui avait sorti une telle ânerie. En effet, sa mère n'avait aucun homme à rejoindre sous terre, hormis peut-être son propre père. Georges était toujours en vie, à moitié seulement, certes, mais vivant. Sans doute Céleste avait-elle mal entendu. En observant la petite troupe endeuillée, elle n'avait pu s'empêcher de constater que certaines personnes, supposées proches de ses parents – Chapus, le médecin de la famille, Lino, le fils de l'Ancêtre, ainsi que deux ou trois voisines –, manquaient à l'appel.

On avait recouvert la tombe d'une profusion de bouquets d'herbes sauvages et de fleurs des champs habilement composés par les habitants du village. Un être aussi terne et froid que le granit du cimetière sous tant de fleurs ? Un sentiment de jalousie avait alors assailli Céleste. Quelque chose d'aussi furtif que le glissement d'un flocon un jour de tempête.

Oui, elle était jalouse. Jalouse des cachotteries de sa mère, de ses minauderies, de la voir faire la causette à la supérette du coin, envieuse aussi de cette capacité à faire fuir d'un simple regard quiconque venait au mazot sans y avoir été convié, et de la décontraction avec laquelle elle regardait Clara faire ses premiers pas dans le parterre de plantes aromatiques, quand Céleste n'avait eu la permission de tirer la langue que pour s'appliquer sur ses cahiers de classe.

Sur la table à moitié dressée, à côté des fleurs, deux assiettes ébréchées côtoient un tas de papiers – factures, ordonnances, feuilles de soins et autres joyeusetés. Au-dessus de la pile, un formulaire bleu et blanc attire immédiatement son œil : « Déclaration de choix du médecin traitant ».

Céleste se retourne vers Nadia :

– Chapus a enfin décidé d'arrêter ?

– Parti en retraite, oui. Il a quitté la région. Le docteur Alleins le remplace. Il n'a pas l'air mal, je l'ai déjà fait venir une fois, pour votre père. Dommage quand même, Chapus était si bien…

Si bien ? Le bon à rien de Chapus ?

Ah ça ! grognait sa mère, pour étaler sa science et donner l'heure quand les carottes sont cuites, il se pose là. Quand tu penses qu'un bon à rien pareil a le droit d'exercer !

À vrai dire, ses parents avaient pour habitude de ne l'appeler qu'en cas d'extrême nécessité, lorsqu'on ne pouvait pas couper aux médicaments avec une bande rouge sur la boîte, les plus dangereux. Les soirs d'hiver, on entendait sa vieille guimbarde patiner dans la neige. J'ai fait aussi vite que possible, soufflait-il invariablement quand il débarquait au mazot, avec sa peau écrevisse et sa drôle de tête en forme de meringue. Tout aussi invariablement, il fonçait sur la savonnette à l'amande, quémandait une petite cuillère en guise d'abaisse-langue, avant de tirer son stéthoscope de sa sacoche élimée.

Le reste du temps, on préférait appeler les vieilles du village. La première contactée prévenait la seconde, laquelle informait la suivante, et ainsi de suite. Au final, toute la troupe se radinait en vitesse, oubliant l'arthrose et les rhumatismes.

Pensez ! Elles adoraient ça, les voisines, se prendre pour des guérisseuses, avec leurs fioles remplies d'essence de pyrèthre et leurs décoctions à l'armoise. Pour autant, elles ne juraient que par Chapus. Oh, ce n'était pas en raison de ses compétences médicales, ça non, mais parce qu'un bruit courait : le médecin comptait se présenter à la mairie de Bourg-Saint-Maurice. Et des relations haut placées, ça sert toujours, surtout aux premières neiges ; ça évite notamment d'avoir à supplier les conducteurs de dameuses de passer dégager les chalets au bout du hameau. Que des lèche-culs, les grenouilles d'eau bénite ! aboyait sa mère quand elle les prenait à se courber devant lui.

Les grenouilles d'eau bénite… Les avoir traitées ainsi pendant des années, et gâtées de champignons qu'elle avait mis tant de soin à faire pousser, à réchauffer, à dorloter ? Céleste saisit le formulaire en plissant les yeux, espérant déceler entre les lignes un début d'explication. En vain. De toute évidence, quelque chose cloche dans cette histoire, sauf à penser, naturellement, qu'il se soit agi d'une espèce toxique bourrée d'hydrazine.

Décollage garanti, pour les vieilles ! Hélène la magicienne ? L'empoisonneuse, oui !

Depuis qu'elle a mis les pieds à la cave, l'idée que sa mère ait pu être à l'origine des cas de maladie de Charcot ne la quitte plus. Cette pensée accapare son esprit, aussi sourdement qu'une armée de capricornes infiltre le bois pourri. Céleste Wolf, Lion ascendant Verseau, descendante d'une meurtrière ? Oh non, Hélène ne peut pas avoir fait une chose pareille. *Personne* ne ferait ça.

– Vous restez pour le déjeuner, bien sûr ? demande Nadia en attrapant le dessous de plat.

Son « bien sûr » est de trop, cette femme ferait mieux de s'occuper de ses oignons, Céleste déteste qu'on lui force la main. Qu'on l'emmène là où elle ne veut pas aller. Où elle n'avait nullement l'intention de revenir. Une belle prouesse de Murielle, cela dit ; tout ça sous couvert d'une sombre histoire d'épidémie de maladie de Charcot, dont Céleste n'avait pas mesuré les tenants et les aboutissants, si ce n'était que, justement, il ne pouvait s'agir d'une épidémie. Murielle lui aurait-elle menti ? Se serait-elle servie d'elle ?

L'odeur de légumes la tire de ses pensées.

Nadia a disparu. Le tablier ondule encore, seul, accroché à une ventouse, près de l'évier. Un frisson parcourt Céleste : quelque chose la dérange. À l'intérieur du chalet. Dans cette cuisine. Une sensation de courant d'air, alors que les fenêtres sont closes et que, hormis le va-et-vient du thorax de son père dans le fauteuil moutarde, aucun autre signe ne trahit de présence au mazot.

Les revenants de son enfance ?

Cette impression provient certainement de son imagination. Les fantômes ont pour habitude d'attendre la nuit tombée pour apparaître, n'est-ce pas ? Mais son regard se durcit. Elle fixe la porte de la cave demeurée entrouverte, de laquelle s'échappe un nuage de poussière. C'est ridicule, enfin ! Elle a beau se raisonner, impossible d'effacer les spectres de ses nuits agitées. Ils sont là, virevoltant dans l'escalier, des enfants au teint pâle dans les bras, posés dans des couffins. C'est atroce, elle sent soudain des bébés tout près d'elle, là, dans la cuisine ! Son épine dorsale se raidit. Oui, des bébés sont ici, elle le jurerait. Dans ses oreilles, un bourdonnement insupportable, le bruit du sang dans ses veines. C'est le bruit de la colère. Elle croit devenir folle. Petite, déjà, il lui suffisait de flairer le mensonge pour se mettre à bouillonner : son cœur s'emballait et ses hématies se mettaient à gigoter dans ses joues cramoisies, tels des grains de sucre dans une machine à barbe à papa.

Elle ne tient plus.

L'homme avachi devant elle, dont elle avait un jour espéré une torgnole et dont elle n'espère plus rien, Georges Rancé, cet homme sait forcément des choses ! Tu vas parler, bon sang ! Qu'est-ce qui se tramait là-dessous, les soirs de pleine lune ? Hein ? Elle se rapproche du fauteuil, dévisage son père, cherche un trait, un indice qui révélerait quelque chose… Laisse ta mère faire ses affaires et file de là !

Tu parles ! Quelles affaires ?

Et quelle mère ? La retoucheuse ou l'empoisonneuse ?

Elle crève d'envie de le secouer de toutes ses forces. Elle se retient, parce que c'est son père, mais si elle s'écoutait, elle enverrait aussi valdinguer la soupe aux poireaux et le bol breton avec.

Quel culot, de la part de cette Nadia, d'avoir sorti celui-là, celui d'*Hélène*... La main qui s'était appliquée à peindre ce prénom, dans une petite rue de Pornic, imaginait-elle que, derrière ces lettres, se cachait peut-être... ?

Il s'en faudrait effectivement de peu pour que Céleste fasse voler tout ça sur le carrelage de la cuisine, avec autant de hargne que le jour où on avait balancé ses boîtes de camembert. Virez-moi ça tout de suite ! Mais un lion n'obéit pas, qu'est-ce que tu crois ! Il ne file pas, il ne s'écrase pas. Tout ascendant Verseau soit-il, un Lion ne sait pas rester sage : il écorche, il dépèce, il déchiquette.

À quoi bon, maintenant ?

Pour ravaler ses larmes, elle cligne des paupières.

De l'air. Oui, elle doit sortir, laisser le vent remettre ses synapses dans le bon ordre, sentir enfin la luzerne sous ses pieds, l'humidité dégouliner sur ses lèvres.

Au moment où elle s'apprête à pousser la porte donnant sur le jardin, son regard se fige. Sur le mur de l'entrée, un calendrier des PTT de... 1976 ! Elle n'était même pas née ! Surmonté d'une photo représentant une chapelle posée sur un champ d'épilobes (des fleurs des Alpes tout en pointe, qu'Hélène transformait en tisanes pour décongestionner les vieilles prostates du village), ce calendrier, terne à force d'avoir été trituré, ne lui dit absolument rien. Elle avait pourtant dû le voir, petite. À moins que ses parents l'aient eu accroché autre part ? Ou bien sa mémoire lui fait défaut, c'est l'âge où ça commence, paraît-il. Intriguée, elle se rapproche de l'image. Son œil balaie le parterre de fleurs accueillant le petit édifice religieux, avant de s'arrêter sur une marque aussi fine qu'un cheveu, presque invisible, maladroitement tracée autour du mercredi 13 mars.

Pour le coup, cette date lui rappelle quelque chose! *Son* jour. Le jour de chance des Lion ascendant Verseau. Ce jour qu'elle a pris soin d'entourer dans le numéro « Spécial astrologie » de *Femme & Moi*, à Noël dernier (son petit pêché à elle, que de s'offrir le luxe, au moment des fêtes, de feuilleter son magazine, confortablement installée sur son canapé, et étudier son portrait astrologique). Elle revoit la pointe de son stylo tourner autour des prédictions les plus interpellantes et de cette date du 13 mars, où tout était censé basculer, selon les astres. Où quelque chose viendrait l'arracher à sa petite existence. Eh bien! Elles avaient dû sérieusement cafouiller dans leur trajectoire, les étoiles, car rien ne s'était produit. Une journée comme une autre, passée inaperçue dans sa vie transformée en une suite de kilomètres sans destination.

Et voilà que cette date réapparaissait sur le calendrier d'une époque qu'elle n'avait pas connue…

Un coup du hasard?

Le hasard n'existe pas, madame Wolf… Bien sûr que non!

Quelqu'un savait et avait étudié son horoscope. Quelqu'un qui connaissait sa capacité extraordinaire à voir l'infiniment petit, à capturer l'imperceptible, à distinguer le rien dans un tout, la forme contraire, la courbe d'un chapeau sous une feuille, la nuance déviante, l'irrégularité de terrain, l'aiguille dans un tas de fumier, l'aiguille dans le pied des champignons suspendus au plafond. Les chauves-souris sur une aiguille à tricoter. Et les petits fantômes remontant de la cave… un couffin sous le bras.

Quelqu'un qui la menait par le bout du nez, oui!

Murielle?

8

MURIELLE N'AVAIT JAMAIS ÉTÉ la bienvenue, au mazot.

Parce qu'elle habitait aux Glières, dans la vallée, un joli chalet avec des pétunias aux fenêtres, et qu'au village, on ne cherchait pas à savoir si ces gens-là aimaient voir butiner les abeilles : on les considérait d'emblée comme des m'as-tu-vu qui exposaient leur bonheur à la vue de tous, jusque sur leurs balcons.

Aussi parce que ses parents la bichonnaient, la réconfortant à la moindre égratignure, quand on interdisait à Céleste de se plaindre et, pour reprendre l'expression d'Hélène, d'en faire tout un fromage. Une gamine qu'on avait toujours menée vers les chemins les plus sûrs, Murielle. Ceux où l'on ne rencontre pas d'obstacles.

Mais pas que.

Non, la vraie raison qui valait à Céleste de se voir interdire la présence de son amie au mazot tenait avant tout à la couleur de ses cheveux : une chevelure nectarine, vive comme les flammes. Des mèches de feu, qui encadraient un visage piqué de taches de rousseur. Qu'elle reste dans la vallée, ta rouquine ! C'est t'y qu'ils finissent toujours par s'acoquiner avec les Esprits, ces gens-là. Qu'est-ce que tu crois !

Céleste ne croyait rien, surtout pas ces sornettes moyenâgeuses qui associaient la couleur rousse au diable. Mais elle a fini par ne plus prononcer le prénom de son amie plutôt que d'entendre Hélène la traiter de petite sorcière.

Pourtant, un jour pas comme les autres est resté gravé dans sa mémoire. Céleste avait supplié sa mère pour que Murielle reste dormir au mazot. Qu'est-ce qui lui avait pris, elle qui n'osait jamais rien réclamer ? Devant les pleurnicheries de sa fille, Hélène avait cédé. Céleste se souvient encore s'être blottie contre son amie, ce soir-là, dans les volants de sa chemise de nuit, un tissu blanc, tout gaufré. Pour une fois, elle était heureuse de s'endormir auprès d'une enfant comme les autres, qui n'avait décidément rien d'une sorcière. Une enfant normale. Avec une chevelure qui sentait bon le géranium sauvage, et une chemise de nuit qui lui donnait l'air d'un liseron.

Les kilomètres avaient fini par les séparer : Céleste montée à la capitale, affairée à dénicher une paire de rideaux vert pomme, Murielle restée dans la région, d'abord sur les bancs de la faculté de médecine, à Lyon, puis à Albertville, auprès de ses premiers patients. Malgré la distance, un événement continuait de les réunir : le congrès annuel de la Société française de neurologie. L'occasion, pour Murielle, d'un séjour à Paris, et pour elles d'une soirée au restaurant, au cours de laquelle elles faisaient le tour des faits marquants de leur année, à la hâte, un peu comme on passe en revue les tâches d'une *to-do-list*. Céleste se limitait à évoquer son petit train-train qu'elle jugeait dénué d'intérêt, et Murielle, son activité à l'hôpital : le manque d'infirmières et de moyens, les publications auxquelles elle avait participé, les partenariats avec les centres de recherche internationaux. Une acharnée de travail, Murielle. Prête à aller au bout du monde pour collaborer avec les plus grands neurologues. Québec, Melbourne, un jour, j'irai m'installer là-bas, c'est ce qu'elle se promettait. En fait, elle voyait proportionnellement aussi grand que Céleste petit à travers une lentille de microscope.

Ses idées de grandeur au niveau professionnel, aucun doute là-dessus, personne ne les avait jamais remises en question. Mais à part ça… Céleste ne lui avait jamais connu d'aventures, à Murielle. Pas d'autres, en tout cas, que ses premières amourettes d'école, à l'époque des billets doux que l'on se passe sous les tables. À sa connaissance, Murielle n'avait jamais envisagé de faire sa vie avec quelqu'un ; elle taisait ses relations, même celles avec ses collègues de l'hôpital. En y repensant, il lui paraissait d'ailleurs incroyable d'avoir dû attendre l'histoire des cas de maladie de Charcot pour que Murielle évoque l'existence de son chef-pitbull, Bernard Lamalle.

En fait, Céleste ignorait à peu près tout de la vie de son amie, et elle le regrettait. Elle ne connaissait ni ses chansons préférées, ni la façon dont Murielle occupait ses soirées, pas davantage que ses plaisirs du quotidien, tous ces petits riens de l'existence qui réjouissent le cœur et que Murielle l'encourageait à cultiver, tant celle-ci savait, d'expérience, que la vie est fragile.

Bien des fois, Céleste a été tentée de prendre le silence de Murielle pour elle. Mais respectant cette pudeur qui avait emmitouflé la vie privée de son amie dans une blouse, elle se gardait bien de la questionner.

9

Elle a quitté le mazot à l'aube, à l'heure où le soleil repose sur la ligne de crête comme un gros jaune d'œuf.

Une couche de gel recouvrait le toit des chalets, l'air était encore froid et humide, dessinant dans l'air une nappe de particules hygroscopiques. Le taxi attendait un peu plus loin sur la route goudronnée, le même chauffeur que celui qui l'avait conduite au village, la veille au matin. Un vrai moulin à paroles.

Avant de monter, elle s'est retournée. Pour la première fois, le chalet de son enfance lui apparaissait dans sa globalité, tel un iceberg dont on vient de découvrir la partie immergée. Toutefois, jamais il ne lui avait semblé si petit, et finalement si moche. Se dire que tout cela, c'était du passé ? Impossible, il était en elle, ce chalet obscur, avec sa cave interdite autour de laquelle la vie s'agitait les soirs de pleine lune. Et cette chose, qu'elle avait fini par y découvrir.

Dans l'obscurité, à la palpation, cela ressemblait à un morceau de pomme. Ou à une figue. Un fruit sec, en tout cas ; au début, ça l'arrangeait bien de le croire. Nadia partie, elle est sortie l'observer à la lumière, dans le jardin. En deux temps trois mouvements, ses espoirs se sont envolés : des contours irréguliers, une matière sombre, réduite en poussière par endroits, une lointaine odeur de moisissure ; ce qu'elle avait sous les yeux s'apparentait nettement plus à un vieux bout de champignon. Mais en aucun cas il ne pouvait s'agir d'un champignon de Paris, lequel aurait conservé, même complètement fossilisé, des traces de lamelles sous le chapeau. C'était donc nécessairement du côté des espèces bizarroïdes qu'il fallait chercher : sclérodermes, morilles, langues-de-bœuf, trompettes-de-la-mort, vesses-de-loup, pézizes, voire pieds-de-mouton, quoique… Parmi ces espèces, seules les moins spongieuses se prêtaient à la dessiccation, et dans le lot, à la connaissance de Céleste, aucune n'était susceptible, il y a quelques années encore, d'être cultivée.

Un casse-tête qu'elle aurait su résoudre grâce à un tableau à plusieurs entrées, mais elle n'avait pas de stylo sous la main. Alors elle a pressé son crâne entre ses mains, comme elle faisait, enfant, dans cet instant de concentration maximale qui précède l'identification d'une espèce. Se poser les bonnes questions, dans le bon ordre, procéder par élimination, recouper les indices, l'odeur, la forme du pied, la texture de la chair, celle des lames, du chapeau, la nature du sol, la présence d'essences spécifiques. Tôt ou tard, le voile se levait, ses yeux s'illuminaient, son cœur se mettait à faire des bonds, et elle s'écriait : Eurêka !

Depuis hier, Céleste n'a réussi à faire aucune déduction.

Assise à l'arrière du taxi, elle se tient la poitrine, comme si elle essayait de contenir les battements de son cœur. L'altitude ? Les suspensions trop molles ? La fatigue, plutôt. Elle n'a pas fermé l'œil de la nuit, les os écrabouillés à même le sol, dans ce grenier poussiéreux, au-dessus de son père.

Chaque bruit a suspendu son souffle : un grincement, un miaulement, le cri d'une chouette dans les sapins, tout un tas de sons inhabituels, plus pénibles encore que le vacarme des camions-poubelles sur la place du Châtelet. Jusqu'au petit matin, un boucan insupportable, mêlé à trop d'interrogations : et cette date sur le calendrier ? Et cette chose trouvée à la cave ? Devait-elle se rendre à l'hôpital ? C'était le seul moyen de l'examiner sérieusement, ce petit morceau de champignon rabougri.

Au réveil, fini de tergiverser. Bazarder ses lunettes de myope, Céleste ! Et sa table de Lilliputienne, une planche posée sur des petits tréteaux, cachée tout au fond du grenier, où elle avait étudié avec une patience obstinée le fruit de ses cueillettes. Se séparer de ses rapports d'inventaires, aussi. De grands cahiers à spirales dans lesquels elle avait répertorié toutes les espèces de champignons de la région, leur nom en latin (en prenant bien soin de les écrire en italique, avec une majuscule au genre), l'année de la cueillette, sans oublier les gommettes de couleur pour indiquer les lieux de récolte. Ce n'était clairement pas grâce à ces reliques, et encore moins à sa petite loupe, qu'elle parviendrait à identifier ce carpophore décomposé. Il lui fallait déployer l'artillerie lourde : un microscope, un vrai, comme il en existe dans les labos de recherche des hôpitaux, avec plein de molettes de réglage, des objectifs surpuissants, et puis des lames, des réactifs, phénol, potasse, bleu de crésyl, et les scalpels pour disséquer, fractionner, réussir à mesurer les spores au micron près, analyser, déduire, éliminer, observer encore et encore, observer l'infiniment petit, l'œil collé à un engin capable d'apprécier ce que jamais aucun être humain ne verrait.

Le taxi file sur la nationale en direction d'Albertville. Céleste arrivera à l'hôpital en même temps que les bols de café fumants. Elle s'imagine déjà à la paillasse, avec une blouse et une charlotte sur la tête, quand la panique se visse dans sa gorge : elle n'a même pas averti Murielle de sa venue au village ! Comment justifier sa visite à l'hôpital ?

Dire la vérité ? Parler de l'atelier de myciculture, avec le poêle et le fumier ? Du trafic de champignons à la cave ? Revenir sur cette histoire de mauviette pas vraiment digérée ? Évoquer le remords qui la rongeait d'avoir laissé son amie dans la panade avec son chef sur le dos ? Ben voyons ! Six mois sans daigner lever le petit doigt alors que les cas de maladie de Charcot continuaient de se multiplier ? Cela ne tient pas debout. En plus de la prendre pour une illuminée, Murielle la taxerait d'égoïste.

À mesure que la ville approche, l'étau dans sa gorge se resserre. Se faire autant de nœuds au cerveau, à son âge… Si Clara la voyait dans cet état, elle aurait honte de sa mère.

C'est sûr, elle aimerait bien changer, Céleste, mais elle est fichue comme ça : programmée pour se triturer les méninges. Et puis elle ne sait pas mentir. Pire, depuis l'épisode de Jeannot, l'idée de ne pas dire la vérité la pétrifie.

Elle ferme les yeux. Sont-ce les virages, ou bien le souvenir de son lapin, cette impression d'avoir le cœur au bord des lèvres ? Son Jeannot… Une petite boule de poils offerte par son oncle, laquelle avait fini en bouillie, dans son estomac. Tout ça parce que Jeannot avait mordu Hélène. Fini, de cavaler dans la luzerne ! Quand on avait fait comprendre à Céleste qu'elle était en train de le manger, elle était restée la mâchoire grande ouverte, avant de vomir dans son assiette. C'est toi qu'as fait une chose pareille ? Elle avait nié. Ni une ni deux, sa mère lui avait pincé le nez en lui ordonnant d'ouvrir le bec. Allez, arrête de faire des gôgnes ! Céleste avait attendu d'être seule dans la cuisine pour arracher une feuille de Sopalin et y recracher en douce son lapin.

Ce jour-là, chez Céleste, quelque chose s'était éteint, en même temps que Jeannot.

Sans réfléchir, elle baisse la vitre arrière, passe la tête au-dehors pour faire glisser de l'air dans ses poumons.

– Eh ! C'est qu'on s'caille ! Vous aut', les monchus d'Paris, on dirait qu'vous passez vot' vie à pas respirer ! s'esclaffe le chauffeur, ignorant qu'en réalité, Céleste espère puiser dans cette bouffée d'air frais la force de continuer.

Continuer. Cette découverte souterraine, c'est son histoire, et celle de personne d'autre. Rien, elle ne dira rien, ni à Murielle, ni à cette commère de chauffeur de taxi.

Naturellement qu'il peut repartir ! À quelle heure elle sortira de l'hôpital ? Elle n'en a pas la moindre idée. Enfin, elle sait simplement qu'elle ne repassera pas les portes battantes avant d'avoir pu accéder à un microscope, et à la chambre d'Ernestine, car elle le sent, c'est là, dans les cellules abîmées par le temps, que s'inscrit l'histoire. C'est là que se terre le mystère des soirs de pleine lune.

10

DEPUIS UN BON QUART D'HEURE maintenant, elle patiente en neurologie, sous la lumière crue des néons. Malgré l'heure matinale, on s'agite déjà dans le couloir : quelques infirmières, le frottement de leurs sandales en caoutchouc sur le lino, l'odeur d'hôpital, de quoi avoir le tournis, d'autant qu'elle n'a encore rien avalé. À cette heure-ci, d'habitude, elle verse le lait sur les corn flakes caramel de sa fille, du sucre et du sucre, comme si le glucose possédait le pouvoir d'effacer les retards à la sortie de l'école, et l'absence. Clara chérie…

Le temps de se promettre de l'appeler dans la soirée et de récupérer une barre chocolatée dans le distributeur, une voix la fait se retourner.

— Vous avez rendez-vous ?

Planté devant elle, un homme en blouse blanche, la cinquantaine bien tassée, avec une barbe de trois jours et une paire de lunettes en équilibre sur son nez. Il ne porte pas de badge, très probablement un infirmier.

Prise de court, Céleste bafouille un :

– Oui, enfin… pas tout à fait.

– Je ne comprends pas, sourit l'infirmier. Vous avez rendez-vous, oui, ou non ?

– Oui, avec Murielle. Pardon, je voulais dire : avec le docteur Brindoz.

Céleste est invitée à patienter, le docteur Brindoz n'est pas là, mais le docteur Kübler pourra sans doute la recevoir en début de matinée.

– Parce que Murielle ne consulte pas du tout aujourd'hui ? s'étonne Céleste.

– Le docteur Brindoz a quitté le service, madame.

Dommage qu'elle ne puisse pas se voir, Céleste, avec ses yeux transformés en deux gros haricots à écosser, en train de ravaler sa surprise : Murielle, quitter le service ? Elle aura mal compris, pour rien au monde son amie n'aurait lâché sa blouse blanche, et ses patients encore moins.

Quoique… Depuis quelque temps, Murielle paraissait bizarre.

À l'automne, elle ne semblait déjà pas dans son état normal : son inquiétude, sa voix enflammée, cet agacement… Certes, la vie de patients était en jeu, la maladie de Charcot représentait un véritable poison ; certes, on finirait par devoir clore le registre faute d'éléments probants, mais tout de même… C'était bien simple, on aurait cru qu'elle en voulait à la terre entière.

Six mois s'étaient écoulés depuis.

Six mois sans nouvelles de Murielle. Au début, celle-ci avait bien tenté de relancer Céleste sur l'enquête. Mais plus aucun signe de vie, hormis ce message l'incitant à consulter Cerebrowicz. « Elle t'aidera à surmonter tes angoisses. Appelle de ma part. »

Après cela, des semaines entières, pour Céleste, à avoir l'impression de parler à cette psy comme à un mur. À s'en vouloir d'avoir fait faux bond à sa meilleure amie, et il y avait de quoi ! Car c'était probablement de sa faute si Murielle avait quitté l'hôpital, contrainte d'avouer à son chef que ses pistes étaient dans l'impasse, et la résolution de l'affaire au point mort. Imaginez ! La réussite incarnée, Murielle. Le genre de fille à ne jamais perdre la face, à vouloir à tout prix obtenir le bon résultat, à la virgule près, coûte que coûte. À se battre. Jusqu'au bout. Une fille aussi brillante que ses cheveux. Eh bien ! Céleste l'avait plantée.

Et ce matin, dans ce hall d'hôpital, sa barre chocolatée à la main, elle sent peser sur elle le poids de la faute, celle qui fait baisser la tête et courber le dos, la faute qui mène à la honte, qui rétrécit le champ de vision et atrophie la pensée. Preuve s'il en est, l'idée que Murielle ait eu envie de tout plaquer ne l'avait même pas effleurée.

Tout plaquer ? Mais pour quoi faire ? Et pour aller où ? Melbourne ? S'était-elle décidée ? En Australie, au moins, plus question de voir défiler de patients atteints de la maladie de Charcot, ni de subir la pression de ce chef-pitbull ! À tous les coups, il l'aura fait tourner en bourrique jusqu'à ce qu'elle trouve, davantage préoccupé par la rentabilité et la réputation de son service que par la santé des malades, le bougre. Combien de gens craquent, comme ça, chaque jour, dans les tours de la Défense ?

Se racheter. Venger Murielle.

– Je vous demande pardon, madame ?

Céleste n'a même pas remarqué que l'infirmier est encore là, à l'entendre ruminer et à la regarder tripoter sa barre chocolatée.

– Excusez-moi, bredouille-t-elle avant d'ajouter, un rictus gêné au coin des lèvres, je me parlais à moi-même.

– Si c'est l'idée de devoir consulter le remplaçant du docteur Brindoz qui vous met dans cet état, je vous rassure : il est tout aussi formidable. Vous savez, plaisante-t-il, j'ai pour habitude de n'accueillir dans mon service que des médecins très compétents !

Son service ?

D'ordinaire, Céleste se trompe rarement sur les gens. Elle les sent, aussi subtilement que l'attraction de la lune ou la trace d'un parfum dans une cage d'escalier. Comme les gosses, elle a des antennes. Mais se trouver nez à nez avec Bernard Lamalle, ça, elle ne l'a clairement pas vu venir. D'autant que ce type n'a rien, mais alors, absolument rien, du pitbull arrogant décrit par Murielle. On lui avait dépeint un arriviste avide de reconnaissance, prêt à tout pour avoir le dernier mot sur l'affaire des empoisonnements au village, et la voilà en compagnie d'un homme charmant, certes flanqué d'un nez proéminent, mais tout à fait charmant.

Mentir. Oublier Jeannot. C'est la seule solution pour ne pas trahir Murielle. Parole, promis-juré-craché, croisement de doigts, pas un mot de l'affaire, aucune allusion à la piste des champignons. Céleste se mord les lèvres, sa mâchoire se crispe. Ne rien lâcher. Mais qui trahirait-elle, au juste ? Enfin ! C'est aussi pour Murielle qu'elle est revenue ici ! Et c'est encore pour elle qu'elle va devoir tout balancer, si elle veut se donner une chance d'identifier l'arme des crimes au village. Comment accéder à un microscope et revoir Ernestine sans cela ?

Elle clôt ses paupières et prend une profonde inspiration, dans l'espoir de tirer au sort *la* phrase, celle qu'il faudra dire, celle qui se détachera de la multitude d'options balayées à toute vitesse dans sa tête transformée en une véritable tour de contrôle.

Stop !

Non, elle ne mentira pas : elle n'est là ni pour un bilan neurologique, ni pour une IRM, mais bien pour revoir Ernestine Kamilic, sa voisine d'enfance. Sa cantinière. Tout à fait, c'est yougoslave. Elle vient simplement lui rendre visite. Bien sûr, elle reprendra le grand sac en plastique qui encombre la chambre. Naturellement les lits doivent tourner, elle le comprend aisément, surtout au bout de plusieurs mois. Elle ne manquera pas d'en informer Nadia, sa dame de compagnie. Et après, est-ce qu'on la laisserait accéder à l'unité de cytologie ? S'il vous plaît… Un morceau de champignon, exactement, au microscope. Je vous en prie, ne m'en demandez pas davantage…

– Aucune inquiétude, confesse Lamalle dans un souffle, je crois savoir de quoi il s'agit. Pour tout vous dire, j'ai lâché l'affaire depuis bien longtemps… J'ignore où est Murielle à l'heure qu'il est, mais tôt ou tard, avec ou sans vous, elle éclaircira l'affaire, j'en mets ma main à couper. C'est une femme brillante, je ne vous apprends rien, je suppose… Nous regrettons tous son départ. Moi le premier.

À ces mots, Lamalle s'interrompt, comme s'il voulait ravaler ses paroles, avant d'ajouter d'un ton détaché :

– Si vous le souhaitez, vous pouvez lui laisser un mot à l'accueil, elle repasse de temps en temps récupérer son courrier.

Pourquoi chercher à comprendre ? Céleste le sent, elle peut faire confiance à cet homme. Ses antennes.

11

CHAMBRE 302.

Le store est tiré, rien ne bouge. Pas de blouse blanche ni d'odeur de café fumant. En tout et pour tout : un lit articulé et le sac plastique. À pas feutrés, Céleste fait glisser ses pieds sur le lino, très lentement, pour ne pas réveiller Ernestine.

Du corps de la vieille femme, il ne reste que deux paupières bleutées et une masse fondue étirée sur un drap, pareille à une couche de cire. À son âge, à quoi pouvait-on s'attendre ?

Céleste s'approche, intriguée. Ce visage… Jamais elle n'aurait imaginé cela : une peau étonnamment lisse, un faciès presque rajeuni, d'un rose délicat, clair comme l'aubépine. Elle est restée si belle… À croire que toutes ses petites superstitions, les crottes de chèvre séchées et le reste ont bel et bien réussi à bloquer son compteur temps. C'est facile, si Ernestine n'était pas si maigre, ni attachée à une bonbonne d'oxygène, Céleste aurait l'impression de revenir trente ans en arrière, à la cantine, quand de la blouse sortait une louche remplie de choux de Bruxelles.

À chaque inspiration, après quelques grimaces, la vieille femme semble savourer l'air à la façon dont elle siroterait un nectar. Céleste pourrait passer des heures à la regarder respirer la vie ; on dirait un bébé qui vient de naître. La naissance, la mort, n'est-ce pas pour cela, en fin de compte, qu'elle est venue jusqu'ici ? Pour comprendre ce qui s'est noué entre les deux certitudes de son existence ?

L'air hagard, elle fixe ce corps moins épais qu'un tronc de bouleau malade. Penser que cette carcasse porte en elle le mystère des soirs de pleine lune ? Qu'elle a vécu les rendez-vous en sous-sol et détient le secret des petits rituels au village, hue cocotte ! Les éclats de voix, les ricanements quand les vieilles quittaient le mazot en embrassant leurs sacs remplis de mycètes séchés. Une bonne cuisson au chaudron, et ça repart comme en quarante ! Hélène est une magicienne, pardieu ! Les vieilles savaient tout, et depuis le début. Et qu'on ne vienne pas lui raconter qu'Ernestine ne connaît pas ce champignon ! En ce moment précis, le plancher de sa salle à manger en est couvert. Un peu, que Céleste le sait ! Parce qu'hier, après sa virée à la cave, elle est allée traîner près des gamelles toutes sèches à force d'avoir été lapées, du côté des Esprits. Parfaitement, elle a désobéi, qu'est-ce que tu crois ! Je t'en ficherais, d'une mauviette ! Elle a pris son courage à deux mains et elle a poussé jusqu'au mélézin, après le village, car elle sentait bien que c'était là-bas, chez la Pétoline, à l'endroit où l'orée du bois assombrit les habitations délabrées, que la lumière apparaîtrait. L'ombre passée, la lumière finit toujours, par arriver.

Il était impossible d'accéder au chalet d'Ernestine sans traverser sa plantation de pieux en aubépine. Un vrai gymkhana, sur une parcelle en friche piquée d'herbes épaisses. Un terrain qui sentait l'abandon, et en même temps, quelque chose y demeurait en vie.

Quand Céleste est arrivée, des rubans de brume entouraient la bâtisse.

Du poing, elle a frotté le carreau et son œil a balayé l'intérieur du logis. La salle à manger était dans son jus, une pièce d'un autre siècle, mais plutôt spacieuse pour un si petit village. C'était ici qu'on se réunissait lors des veillées. De part et d'autre de l'âtre trônaient deux tas de bûches, le même bois qu'autrefois, de beaux rondins aux reflets de crème anglaise, refendus aux dimensions de la cheminée. Du faou. Un arbre qu'en temps normal on se gardait de couper. Toutefois, la tradition voulait qu'on aille en récupérer les jours précédant les épisodes de grande tempête, car dans ses braises éteintes étaient censés s'exaucer tous les vœux. Alors on apercevait les hommes sortir, hache à l'épaule, et le soir, au coin du feu, tandis que les vieilles récitaient des incantations bizarres, les maris joignaient les mains contre leur poitrine réchauffée par ce bois qui possédait le pouvoir extraordinaire d'absorber toutes les angoisses, toutes les prières, tous les chagrins.

Céleste est restée ainsi un bon moment, le front posé contre la vitre. À la longue, ses pupilles se sont habituées à l'obscurité et, enfin, elle a réussi à distinguer ce qu'elle s'attendait à trouver là, près des bûches : des sacs en toile de jute plus ou moins remplis, autour desquels gisait, éparpillée sur le sol, une constellation de fragments couleur de suie.

Une douce lumière éclaire la chambre.

Délicatement, Céleste extirpe la chose de la poche de son jean, la place dans le creux de sa main, et tend son bras vers le visage d'Ernestine.

– Regarde…

De même qu'elle examinerait un pied de *Russula mustelina* se colorer au contact du sulfate de fer, elle scrute la moindre de ses réactions. Comme si ce qu'elle cherchait à comprendre depuis tant d'années se cachait là, dans le corps de la vieille femme, dans les pores de sa peau, entre les fibres de sa camisole d'hôpital. Mais les paupières d'Ernestine demeurent désespérément closes, immobiles. Deux points myosotis, une couleur semblable à celle de sa blouse de cantinière, un pan de tissu délavé qu'on voyait bouger au rythme des louches servies dans les assiettes. Aujourd'hui, c'est choux de Bruxelles ! Une voix rocailleuse s'échappait des cuisines, après quoi on apercevait Ernestine, poussant à bout de bras son chariot de marmites.

Rien n'émouvrait davantage Céleste que de réentendre cette vibration du fond des siècles. Capter une parole, saisir un micro-spasme sur son visage, un son, un haussement de sourcil… Un souffle.

Mais dans la 302, aucun mouvement ne respire la vie. Céleste s'approche, plus près encore.

Un maigre filet d'air sort de la bouche de la Pétoline. Cet air fait du bien à Céleste : elle se redresse, jette un rapide coup d'œil par-dessus son épaule, aucune infirmière en vue, c'est le moment. Elle se penche pour glisser quelques mots à son oreille, quand une décharge se met à parcourir le corps de la vieille femme. Une violente quinte de toux. Des tressautements continus qui viennent briser le va-et-vient de sa poitrine si frêle, jusqu'à secouer tous ses membres, les uns après les autres. Ernestine se met à baver, peine à reprendre sa respiration et, simultanément, comme si elles étaient reliées toutes les deux, le cœur de Céleste ralentit. Un moteur au bord de la rupture. Dans ses tympans, son sang bourdonne, elle se sent partir. Il ne s'en faudrait pas de beaucoup pour qu'elle finisse allongée sur le lit articulé, les pieds surélevés et la tête enfermée dans le sac en plastique.

Une infirmière, pour elle, pour Ernestine, impossible d'affirmer à cet instant laquelle est la plus faible des deux, c'est égal, il faut quelqu'un, et vite! Ses jambes flageolent. La porte. Sa main agrippe la poignée quand un gémissement rauque, presque animal, un cri formé dans les entrailles de la Terre, déchire l'atmosphère :

– Bé… bé Tintin !

Ernestine a la bouche et les yeux grand ouverts; son attention semble fixée sur un point, de toute évidence quelque chose lui traverse l'esprit et la trouble. Céleste ignore si la vieille l'a reconnue et ce qui lui vaut ce regard effrayé, mais elle est certaine qu'Ernestine avait eu exactement ces mêmes yeux, deux billes de pâte de verre exorbitées, le jour où elle avait surpris Céleste avec un clou planté dans la main.

Ce jour-là, exceptionnellement, Murielle n'avait pas mangé à la cantine. Après le déjeuner, la sonnerie s'était fait attendre. Seule dans la cour de récréation, Céleste observait les autres filles jouer : à quoi pouvait bien ressembler la vie quand on avait droit aux Pailles d'Or et au rose sur les ongles ? Elle ne le savait pas, et ne le saurait peut-être jamais.

Impossible de dire quelle idée l'avait alors poussée à ramasser un clou qui traînait dans la cour, un vieux clou rouillé d'environ trois ou quatre centimètres, et à se l'enfoncer, sans ciller, dans le creux du pouce. Ça avait saignoté, et puis ça s'était mis à saigner franchement. Affolée par la coulée grenat qui sortait de la plaie, elle avait hurlé, et Ernestine, en train de débarrasser les tables, avait accouru, une espèce de frayeur incontrôlée dans le regard. *A gament qu'arrive comme ça*, avait-elle bougonné en la tirant par les pieds à l'infirmerie, *ça donne rien qui vaille*. Céleste était tombée dans les pommes. Lorsqu'elle était revenue à elle, l'infirmière lui avait posé quinze milliards de questions tournant toutes autour du même objectif : chercher à comprendre *pourquoi* elle avait fait ça. Qu'est-ce qu'elle en savait ?

Tu verras, lui avait promis Ernestine quand elle l'avait aidée à se relever, ton bobo grandira avec toi.

Effectivement. Pareille à une entaille faite dans la chair tendre d'un arbrisseau, cette trace de nacre, indélébile, avait fini par épouser la courbe de sa main. Une cicatrice-doudou, témoin de son histoire, qui ne l'avait plus quittée.

Qu'est-ce qui lui prend ? Ses yeux s'embuent et voilà qu'une larme roule sur sa joue, maintenant. Oui, malgré sa carapace plus dure qu'un sabot d'amadouvier, elle sanglote devant le beau visage d'Ernestine.

Y'a qu'les poules mouillées qui pleurnichent ! Allez !

Il sera toujours temps de pleurer, oui. Se ressaisir. Pour sa fille. Pour Murielle. Sécher ses larmes. Tandis qu'elle fouille les poches de son anorak à la recherche d'un mouchoir, un petit bruit, presque imperceptible, se fait entendre.

Avec la pointe de sa langue, Ernestine humecte ses lèvres. Puis, à la façon de quelqu'un qui cherche à s'éclaircir la gorge, elle se met à toussoter. Le contour de ses yeux est ourlé de rouge, un rouge profond, comme le sang des feuilles à l'automne. Elle lève les yeux vers Céleste, des yeux qui semblent avoir tout vu. Et soudain, son corps, si maigre, commence à trembler. Une succession de spasmes desquels ces mots jaillissent, dans une dernière secousse épouvantée :

– Bébé Tintin… appel… cha pelle.

Céleste recule d'un pas en fronçant les sourcils. Un bébé ? Dans une chapelle ?

12

LE VENT A CHARGÉ le ciel de nuages.

Ce temps annonce la tempête, une tornade, peut-être pire, autant de banalités qui se bousculent dans l'esprit de Céleste au moment où elle franchit à nouveau les portes battantes de l'hôpital, avec dans une main le sac plastique récupéré dans la chambre d'Ernestine, et dans l'autre une enveloppe à l'attention de Murielle.

Il fait déjà nuit, le taxi ne l'a pas attendue. Assise sur une marche en pierre, devant l'entrée de l'établissement, elle n'a d'autre envie que celle d'aller piétiner les branchages tombés sur le parking et de les écraser, comme elle rêverait d'étouffer les pics de remords qui s'agitent en elle depuis sa conversation avec Lamalle.

Elle pourrait très bien se relever, se planter sur la départementale 990, faire du stop en direction de la gare et sauter dans le premier train pour Paris, après avoir pris soin de déposer l'enveloppe à l'accueil, comme un billet doux « *À l'attention du docteur Murielle Brindoz. Personnel et confidentiel* », cette enveloppe kraft toute boursouflée au dos de laquelle elle a noté d'une main tremblante :

> *Gyromitra esculenta* (Pers.), 1849
> Gyromitre
> Noms vernaculaires : fausse morille, champignon cerveau.

C'était elle. L'hôtesse de l'hydrazine. La coupable des décès au village, l'espèce cultivée par sa mère ; la plus étrange de toute la zone montagneuse. Une grosse cervelle brun rougeâtre posée sur un pied sillonné, un enchevêtrement de lobes cérébriformes, poisseux comme de la cire. Un être répugnant au possible, sur lequel Hélène avait jeté son dévolu. Des bébés élevés en sous-sol, arrosés, réchauffés, séchés, et dont, curieusement, elle se séparait les soirs de pleine lune.

Bien que répertorié dans le Romagnesi, l'esprit de Céleste l'avait toujours écarté, ce champignon. Son aspect peu ragoûtant l'avait conduite à faire l'impasse sur l'image, et sur l'astérisque qui renvoyait à une note dans laquelle étaient décrits les symptômes de l'intoxication par la gyromitrine. Mais à l'époque, aucun lien avec la maladie de Charcot.

Et tout à l'heure, son œil à peine placé sur la lentille du microscope, Céleste a senti un long frisson lui parcourir l'épine dorsale : la perception d'un danger d'une tout autre nature, qu'elle n'est pas immédiatement parvenue à cerner. L'impression d'avoir été possédée par ce faux frère de la morille, comme on peut l'être par un refrain entêtant. Une sensation rampante. Qui avait été là depuis le début. À l'intérieur d'elle-même.

Elle ignore combien de temps elle est restée derrière le microscope, recroquevillée sous la lumière des néons, à observer la micromiette, ses cellules allongées en forme de cosses de petits pois, confirmation immédiate de l'hypothèse d'un ascomycète, une espèce dépourvue de lamelles. Au fur et à mesure qu'elle notait tout ce qu'elle voyait, recopiant avec une précision extrême le contour des spores, leurs deux noyaux globuleux et la morphologie des hyphes, une scène, qu'elle avait décidé d'oublier, et dont, du haut de ses dix ans et de son perchoir au grenier, elle n'avait jusqu'alors gardé qu'une succession de sonorités bizarres, cette scène refoulée dans les strates inférieures de son lobe temporal est remontée à la surface. Jusqu'à lui faire visualiser l'endroit exact où elle se trouvait, sur quelle latte de parquet elle était agenouillée, ce soir-là. Le soir du décès de l'Ancêtre. Quand, pour la première fois de son existence, elle avait vu *Gyromitra esculenta*.

Agrippée au microscope, Céleste s'est mordu les lèvres pour se retenir de crier. Et ses yeux se sont fermés.

Curieusement, il n'y avait pas eu de lune. Et comme les choses étranges arrivent rarement seules, ce même soir, Murielle avait eu la permission de dormir au mazot. Avant de se coucher, hissée sur la pointe des pieds, Céleste avait jeté un œil par la lucarne du grenier : la brume avait laissé quelques rubans laiteux autour des sapins, d'immenses mélèzes d'un vert devenu noir, dressés au pied du Mont-Joli. Discrètement, elle avait refermé la petite fenêtre. Ses pieds nus avaient glissé sur le plancher et elle était venue se blottir contre Murielle, le nez enfoui dans sa tignasse aux notes de géranium sauvage.

Elles dormaient déjà profondément quand la cloche de l'entrée avait retenti. Quelqu'un avait fait irruption au mazot, sans frapper.

Des pas lourds, une démarche claudicante, immédiatement Céleste avait reconnu l'Ancêtre. Celle-ci happait l'oxygène à la façon d'une lotte de rivière, repoussant l'air dans une succession de saccades incontrôlées. Alarmées, les deux silhouettes d'enfant avaient aussitôt quitté leur matelas, rampé sur les lattes de parquet et, discrètement, la trappe du grenier s'était entrouverte.

Il paraissait insensé, du moins surprenant, de voir cette femme, avec son drôle de chignon en forme de nid d'oiseau à moitié défait, cette femme réputée plus costaude qu'une souche d'épicéa, en pareil état, affaissée sur le fauteuil moutarde. Le regard de Céleste plongeait sur les mains de la voisine, devenues jaunes elles aussi, posées sur son ventre, une grosse masse de chair qu'elle ne cessait de triturer.

Quelle pression, sur la poitrine de Céleste ! Presque aussi dense que la nappe de brume tombée sur le village. Heureusement, on avait entendu la vieille guimbarde de Chapus patiner sur les restes des plaques de neige. Un brouillard à couper au couteau, c'était tout ce qu'avait trouvé le médecin pour justifier son arrivée tardive. Quel bon à rien ! avait grogné Hélène quand Georges avait décroché le téléphone pour l'appeler. Mais pour une fois, Georges était passé outre les mises en garde et les remontrances de sa femme.

Les doigts de Murielle avaient tiré la poignée de la trappe, laquelle s'était franchement ouverte. Un grincement affreux.

Hélène avait renversé la tête et dans l'encadrement, son visage était apparu. Elle avait le front plissé et le regard dur, aussi noir que le plumage d'un choucas. Les yeux de ceux qui se réjouissent de punir. Effrayée, Murielle avait eu un mouvement de recul. Par miracle, les néons de la cuisine projetaient au plafond une lumière criarde, et Hélène aurait été bien en peine de distinguer quoi que ce soit.

Dans la bouche de Chapus, des mots avaient fusé. Le buste penché dans le vide, Céleste tendait l'oreille pour essayer de les retenir. Des termes compliqués : tachycardie, ictère, indigestion… Et dans tout ça, aucune allusion au Mal. C'était pourtant la première chose à laquelle on pensait, au village, quand un coup dur arrivait, le Mal… On l'imaginait dévaler les parois rocheuses, se coincer entre les montagnes, longer les ravins, traverser les pierriers et ramper jusqu'aux portes des chalets. On y songeait en serrant les mâchoires. Affaire de superstition.

Céleste s'apprêtait à attraper la main de Murielle, quand une pensée l'avait traversée : était-il possible que ses mèches rousses, tant craintes par Hélène, aient attiré les Esprits au village ? Brusquement son corps s'était redressé. Agenouillée dans la pénombre, elle avait balayé du regard les plis de la chemise de nuit de son amie et, dans son ventre, il y avait eu une grosse boule de honte. La honte, oui, d'avoir pu envisager une chose pareille.

Au bout du compte, suspectant une intoxication alimentaire, Chapus avait souhaité investiguer dans le chalet de l'Ancêtre. La routine. Pour s'y rendre, il suffisait de traverser la rue, une voie étroite parsemée de nids-de-poule. On accédait ensuite à la bâtisse par un perron encadré d'une haie de conifères.

Depuis le départ de son fils, Lino, dans les alpages, la voisine y vivait seule.

Pendant ce laps de temps, une éternité, Céleste sentait ses genoux s'enfoncer dans les planches du grenier. Son corps tout entier semblait se rigidifier. Elle avait si peur… Jamais elle n'avait connu d'autre mort que celle de Jeannot. Son cœur frappait à grands coups dans sa poitrine trop étroite. Si elle avait pu, elle aurait dévalé l'échelle et enfoui son visage dans le gros chignon en forme de nid d'oiseau. Encore une fois, sans doute la dernière, elle l'aurait remerciée pour le Romagnesi, car c'était finalement grâce à cette femme qu'elle avait tenu toutes ces années où on la traitait de boulet de Babar. Des journées entières, pour Céleste, à feuilleter son livre, retirée dans son monde, des jours qui ne lui semblaient jamais assez longs quand il s'agissait de sentir son cœur palpiter au rythme des pages qui se tournaient. Les petits êtres de la forêt étaient son eau et son oxygène.

Le buste de Céleste avait commencé à basculer dans le vide, quand Murielle l'avait retenue. Une poigne démesurément ferme pour un corps si fluet, flottant dans une chemise de nuit en forme de liseron.

Pour conjurer le mauvais sort, Céleste s'était mise à compter à voix basse, de plus en plus vite, ses doigts enfoncés dans les oreilles. Il existait forcément un antidote, une potion à base de mandragore ou d'herbe du diable, sa mère finirait bien par trouver quelque chose, elle qui avait appris aux vieilles du village comment soigner les tissus enflammés à coup de décoctions d'hysope, et la fièvre avec des cataplasmes à l'armoise.

Ses doigts avaient agrippé la main de Murielle.

Quand Chapus avait refait son apparition, il n'était plus seul. Il revenait avec quelque chose d'intéressant. Trouvé, devinez où ? Dans la poubelle !

À cet instant précis, il était pile sous la trappe. Le regard de Céleste était pointé sur le haut de son crâne, une masse osseuse effilée en forme de meringue. Du bout des doigts, le médecin ouvrait une feuille de papier absorbant d'un blanc plus blanc que la neige, dans laquelle reposait un truc gélatineux, marron, bizarre. Jeannot ? Céleste avait sursauté, terrorisée à l'idée que son lapin ait été congelé, remangé et recraché une seconde fois.

– On dirait un bout de cerveau ! s'était exclamé son père en observant la chose qui tremblotait dans la main du médecin.

À ces mots, Hélène s'était écartée. Céleste l'avait aperçue se comprimer la bouche à l'aide d'un châle, comme pour contenir ce qui lui remontait dans le gosier. Un geste plutôt surprenant de la part d'une dure à cuire comme elle, auquel Céleste n'avait pas prêté plus attention que ça.

– Mon cher Georges, vous m'épatez ! avait répondu Chapus en portant la chose à ses narines. Il s'agit effectivement d'un cerveau de champignon, ou plutôt, d'un champignon cerveau. Sous vos yeux, *Gyromitra esculenta* la mal nommée (puisqu'en latin, *esculenta* signifie « comestible »), ou fausse morille. Un champignon friand des sols calcaires de montagne, à ne pas confondre avec *Gyromitra fastigiata* ou *Gyromitra gigas*, la morille des neiges. On en trouve en pagaille sur le versant, dans les sphaignes de la tourbière, près du lac Noir. Une espèce aussi savoureuse que dangereuse. Et tant qu'on boulotera n'importe quoi n'importe comment, avait-il fini par conclure fièrement, c'est sûr, il arrivera des bricoles.

Il avait l'air sérieusement calé, Chapus, en matière de champignons. Il fanfaronnait, bedaine en avant, jusqu'au moment où il s'était mis à se gratter le crâne : un détail lui échappait.

– Il y a comme qui dirait maldonne, mon cher Georges. Et à double titre.

– C'est-à-dire ?

– Les gyromitres poussent entre mars et mai, et nous sommes ?

– En septembre.

– Bien. Ensuite, comment cette femme, bourrée d'arthrose, incapable de monter plus de trois marches sans souffler comme un bœuf, serait-elle allée vadrouiller sur les pentes de Mirbois ? Qui plus est, avec un panier au creux du coude ?

– Allez comprendre.

À vrai dire, il n'y avait plus rien à comprendre. La voisine avait glissé du fauteuil dans un râle plus faible que le débit d'un ruisseau en plein été. Chapus avait regardé l'heure. Arrêt cardiorespiratoire, ça finit toujours comme ça. Il allait devoir monter au chalet d'alpage prévenir le berger.

Au carillon, onze coups avaient retenti. Et avant que Murielle et Céleste ne détournent le regard pour échapper à la vue d'un nid d'oiseau mort, Hélène avait fusillé le médecin du regard en haussant les épaules, dans un mouvement aussi tranchant qu'une arête de montagne. Vraiment bon à rien.

Sur le parking, le vent souffle toujours.

Céleste inspire profondément, comme pour effacer cette journée passée à l'hôpital, parce qu'elle a désormais l'impression d'en savoir à la fois trop, et pas assez.

Quitter cet endroit, et fissa. Lever ses fesses de cette marche en pierre congelée, essayer d'attraper un bus pour la gare et un train pour Paris, foncer retrouver Clara. Partir sans rien laisser à l'accueil pour Murielle. Car à cet instant, elle veut croire à la réapparition de son amie, pour la lui remettre en main propre, cette enveloppe. Croire aux choses pour les voir, et non l'inverse, madame Wolf…

Elle s'empresse de replier le papier kraft en prenant soin d'épargner le morceau de carpophore, dépose très délicatement le tout dans la poche latérale de son sac à main, et son sac à main dans son sac à dos, avant de se lever, pas peu fière tout de même d'emporter avec elle le nom du coupable.

13

LA GARE A BEAU ÊTRE MODERNE, baignée dans le halo sépia des lampadaires, elle fait penser à une station-service vieillotte dans un film américain. Une odeur de graisse brûlée se dégage du crissement des trains à l'approche.

Céleste patiente. Du regard, elle accompagne le mouvement d'ombres qui ne cessent de gigoter sur le quai. Des corbeaux. C'est terrible, cette impression de ne plus sentir que cela, la présence de ces oiseaux sur ses épaules. Le côté sombre des choses. Voir le verre à moitié plein, madame Wolf...

C'est certain, en ce moment, on l'imaginerait plutôt en train de sourire. De fredonner *L'Aziza* ou de feuilleter le nouveau numéro de *Femme & Moi* en attendant son train. Et de se féliciter, surtout. Parce que mince ! Elle a accompli un sacré exploit, que les plus fins mycologues lui envieraient. Elle a identifié l'arme des empoisonnements au village ! Absolument. Et elle ferait bien aussi de penser à sa fille, à leurs prochaines vacances sur l'île de Ré pour Pâques, quand la petite reviendra de sa semaine de colonie dans le Vercors.

Le verre à moitié plein? Facile à dire, quand tout concorde et désigne la cave du mazot comme plaque tournante d'un trafic de gyromitres dont la toxine était bien métabolisée en monométhylhydrazine, jusqu'alors connue pour la propulsion des fusées, et désormais pointée du doigt dans la maladie de Charcot. Mais c'est qu'il fallait en faire une consommation industrielle, de ces champignons avant d'en arriver là, et sur des années...

Quoi qu'il en soit, Murielle avait vu juste: aussi rationnelle soit-elle, elle avait senti ce qu'aucun scientifique n'avait encore découvert, et malheureusement, oui, tout s'emboîtait à la perfection. Tout, sauf une chose: même si Hélène était impliquée dans les empoisonnements au village, rien ne lui permettait de suspecter la dangerosité du champignon cerveau. En tout cas, pas à l'époque. En effet, il avait fallu attendre le début des années quatre-vingt-dix pour voir une tête de mort orner les descriptions de *Gyromitra esculenta*, laquelle, avec sa chair fine et sa saveur délicate, était jusqu'alors répertoriée parmi les meilleurs comestibles. Alors comment aurait-elle pu deviner?

Le prochain départ pour Lyon est annoncé avec quinze minutes de retard. Il ne manquerait plus que Céleste rate la correspondance pour Paris, que ses plans soient chamboulés, que lui échappe de nouveau sa petite vie réglée au millimètre, quand pas une minute ne s'écoulait sans qu'elle sache exactement où aller. Regretterait-elle vraiment cette vie-là, au fond?

Alors qu'elle s'apprête à aller vérifier le tableau d'affichage, un léger choc se fait sentir, sur le haut de son crâne. Elle passe la main dans ses cheveux, et ses doigts s'engluent d'une substance visqueuse, veinée de filets noirs. Putain de corbeaux! Elle dit cela à voix basse, mais quand même ; d'habitude, jamais de tels jurons ne lui échappent. Bien sûr, il lui arrive de s'énerver après Clara, quand elle met un temps fou à lacer ses baskets avant l'école. Elle hausse le ton, mais pas comme ça. Pas avec ce désir de vengeance dans la voix.

Il doit bien y avoir un morceau de tissu, là-dedans, au moins de quoi s'essuyer. Foutus corbeaux ! Mince, qu'est-ce qu'elle fabrique encore avec le sac plastique récupéré dans la chambre d'Ernestine ? Si au moins elle pouvait y dégoter une blouse, un mouchoir ou un morceau de tissu. Du bout des doigts, elle défait le nœud.

Dedans, rien qui ne ressemble de près ou de loin à du linge, mais une masse volumineuse, circulaire, entaillée par endroits… Le psychographe d'Ernestine !

Elle regarde l'objet avec la même émotion que lorsqu'elle a posé les yeux sur sa propriétaire, tout à l'heure, dans la 302. Tant d'années loin de ces histoires abracadabrantes de formes blanchâtres déambulant dans de vieux manoirs ou de discussions avec les morts. Cependant, c'est comme si le psychographe ne l'avait jamais quittée. Elle ressent ce frisson qui l'avait parcourue le jour où la vieille femme était allée le récupérer dans sa cave. Ce n'était pas un simple frisson d'effroi. Céleste avait d'emblée perçu quelque chose qui n'appartenait pas au monde des vivants, et le frémissement qui l'avait pénétrée lui avait paru bien plus profond qu'une simple peur : elle avait commencé à comprendre que la réalité et les histoires qui se formaient dans la tête des gens, les légendes de la montagne et les croyances des vieux du village, étaient deux choses bien différentes, et qu'au bout du compte, chacun décidait de puiser ici ou là sa propre vérité.

Avec soin, elle sort le psychographe du sac, le pose sur ses genoux ; il pèse moins lourd que dans ses souvenirs. Ses mains caressent les courbes, étudient les fissures creusées dans le bois, elle tourne et retourne le socle, intriguée. Sur l'alphabet, quelqu'un a noirci cinq lettres et tracé le chiffre 2 au-dessus de chacune d'elles, comme pour les doubler.

Sous la lumière des réverbères, difficile pour Céleste de distinguer d'autres détails. Elle fixe l'objet, les yeux écarquillés. Mais comme toujours, à trop vouloir se concentrer, on finit par ne plus rien voir du tout. Si ce n'est un vague mouvement. Oui, sur le psychographe, les lettres semblent se détacher, vaciller, s'entrechoquer, s'inverser et s'encastrer à nouveau. La tête lui tourne, tandis que ses doigts agrippent le bois. Et bientôt, dans ce vertige, elle n'entend plus que le tumulte des voix qui ont traversé cette masse ligneuse, autrefois. Un écho lointain. Des prières murmurées, des chagrins partagés, des pardons accordés, toutes ces choses, pourtant essentielles, sur lesquelles nous ne prenons pas, ou plus, le temps de nous arrêter.

Deux doigts posés sur sa tempe, là où palpite son sang, Céleste tente de rassembler ses pensées. Elle se souvient du rituel que lui avait enseigné Ernestine. D'abord les yeux que l'on ferme, la tête relevée, comme pour prier le Ciel d'ouvrir les portes de l'au-delà. Puis les sillons, dans le bois. De son autre main, elle les effleure avec la pulpe de l'index, chaque lettre, une à une, dans l'ordre : B, E, I, N, T. Doucement, elle recommence, comme le faisait Ernestine, pour identifier les défunts avec qui converser. Il y a si longtemps…

Sous ses paupières se faufilent des lettres, des mots, une lueur… Qui est-il donc, ce correspondant, pour faire jaillir autant de lumière ? Car elle n'est pas folle, ça scintille ! Bête, tête, bien, teinte, été, éteint, tétine, bébé… Bébé Tintin…

Les cinq lettres y sont. Toutes. Dix, au total.

14

Le dernier train pour Paris est parti sans elle. Si seulement elle n'avait pas eu l'idée de rendre visite à Lino, le fils de l'Ancêtre... Elle serait en train de couvrir Clara de mille baisers, plutôt que de déambuler encore au village, à moitié débraillée, sonnée par les révélations du berger.

Elle est allée le voir d'un pas plutôt alerte, presque excitée, finalement, d'en apprendre davantage sur les fils qu'elle venait de tirer, et sur ce bébé Tintin, dont elle avait fini par penser qu'il s'agissait d'un fils inconnu d'Ernestine, ou d'une fille, en tout cas d'un gamin, parti dans l'au-delà.

Elle y est allée avec la sensation de rejoindre un membre de la famille éloignée. Et bien, une nouvelle fois, ses antennes n'ont pas dû capter tous les signaux, car ce qu'elle vient d'apprendre de la bouche de cet homme l'a littéralement anéantie, Céleste. Anesthésiée. Ce qu'elle a entendu échappe à l'entendement.

À présent, elle donnerait n'importe quoi pour rembobiner la cassette. Laisser ses membres s'engourdir de froid, se laisser porter par la mécanique de ses muscles, et par le souffle de la lombarde. Couvre-toi, tu vas attraper la mort ! Une expression de sa mère, ça, attraper la mort. Sans aller jusque-là, on le sait, ce vent des montagnes n'augure rien de bon. Parce qu'un beau jour de Pâques, il a déclenché une coulée terrible sur le village de Bonneval-sur-Arc, un cul-de-sac niché de l'autre côté du col. Depuis, on le craint comme la peste, ici. Mais il a beau s'engouffrer dans son anorak, Céleste ne le sent pas : elle passe devant l'ancienne mairie, la salle des fêtes, suit la rigole d'eau sale le long de la rue principale. Son regard survole les façades aux volets clos et tout semble glisser sur elle : aucune prise, aucune trace, comme après le passage des skis sur une neige verglacée.

La voilà quasiment arrivée au bout du village, lorsqu'un bourdonnement se fait entendre. Des vibrations aussi tranchantes que les arêtes du cristal de roche. Elle lève les yeux. La tempête ? Non, cette fois-ci, c'est une bise d'une tout autre nature qui cherche à se faire entendre. Sa mère ! Mais faites-la taire, bon sang ! Rien à faire : la voix d'Hélène s'accroche, elle suit ses pas, s'agrippe à ses baskets, de toute évidence on veut lui faire passer un message, mais la lombarde souffle trop fort. Les sons se déforment, et quand bien même le vent ne hurlerait pas, Céleste préfère ne pas tendre l'oreille : elle file le long des chalets. N'est-ce pas ce qu'on lui avait toujours demandé, de filer ?

Lino.

Quand les dix lettres sont apparues sur le psychographe à la gare, son nom a sonné comme une évidence : Ernestine et son père plus muets que des féras, il ne restait finalement que lui, le berger du village, pour l'aider à décoder ce qui s'était joué ici, au pied du Mont-Joli, sur le replat glaciaire, à la lueur de la pleine lune, autour d'un champignon capable de faire décoller les fusées comme de clouer les plus gaillards sur un fauteuil roulant, et de l'éclairer sur ce bébé au nom d'un héros de bande dessinée.

Illico presto, elle a pris la direction du village, *bis repetita*, le ventre noué à l'idée que Clara reste chez Jade une journée de plus, peut-être même davantage. Mais sa mère est prévenue, ravie que les deux petites puissent profiter d'être ensemble encore un peu. Et puis, qu'est-ce qu'un jour ou deux comparés à toute une vie façonnée par les non-dits et la sensation d'être la victime d'une erreur d'aiguillage ?

Sans réussir à la réconforter tout à fait, cette pensée l'a accompagnée jusque chez cet homme qu'elle avait bien connu, gamine. D'ailleurs, pourquoi n'avait-elle pas pensé à lui plus tôt ? Certainement parce qu'après le décès de l'Ancêtre, Hélène avait posé des barrières infranchissables entre Céleste et Lino : interdiction *absolue* d'aller fricoter avec le berger du côté de l'enclos. Quasiment vingt ans d'écart… Qu'est-ce qu'elle croyait, sa mère ? Honnêtement, Céleste avait mieux à faire en forêt que de fricoter avec un homme qui avait perdu sa langue.

Aujourd'hui, elle était persuadée que le temps avait réparé les blessures de ce malheureux, et qu'elle réussirait à lui arracher un indice ou deux, au moins quelques mots.

Elle a toqué à la porte. Une fois. Deux fois. C'était pourtant bien son nom, Lino Coccard, gravé sur la cabane à oiseaux transformée en boîte aux lettres. À plusieurs reprises, elle l'a appelé. En vain.

Une neige fine s'est mise à tomber. Après avoir fait le tour de la bâtisse, elle a retenté sa chance. Qu'est-ce qui lui a pris d'insister de la sorte ? Elle s'apprêtait à faire demi-tour quand le bruit du loquet s'est fait entendre. Dans l'encadrement, Lino est apparu, un torchon maculé de taches rouges jeté sur l'épaule, et un couteau à la main.

Céleste a reculé d'un pas.

L'homme avait conservé son air renfrogné, ses cheveux en bataille et une carrure de taureau contre laquelle, malgré la lame dans son poing, Céleste se serait bien blottie. Un élan spontané, comme ça, sur le pas de la porte. Ça avait peut-être l'air idiot, mais elle avait toujours perçu en lui un refuge, une espèce de protection semblable à celle des cabanes qu'ils s'amusaient, malgré leur différence d'âge, à construire dans les bois : des cocons de verdure incroyables en forme de tipis, échafaudés à l'aide de branches entrecroisées maintenues au sol dans un mélange de cailloux et de patioque. Il y avait tellement longtemps, mais les gestes étaient restés gravés dans l'esprit de Céleste.

D'un mouvement du menton, Lino lui a fait signe d'entrer. Il se doutait bien qu'elle ne venait pas lui rendre visite pour assembler des branchages.

Elle a marqué un temps d'arrêt, avant de s'apercevoir que ce qu'elle avait pris pour des taches de sang était en réalité du jus de Beef Taninges, ces tomates en forme de doryphore, avec leur chair rosée. Les préférées de Céleste. Sa mère allait les acheter à la supérette du coin, une petite échoppe avec des stores framboise décolorés par le soleil de montagne. On y trouvait toutes sortes de légumes, entreposés en vrac, dans des cageots sous lesquels Céleste avait pour habitude de venir se cacher. Se rétracter, se faire toute petite, disparaître, ou faire semblant, car en vérité, elle savait que c'était là, sous cet amoncellement de cagettes, que sa mère viendrait la chercher, cette dernière ne quittant jamais l'épicerie sans en embarquer une ou deux pour faire du petit bois.

Elle a fini par entrer.

Le chalet de l'Ancêtre était resté tel quel, avec ses murs de cuisine peints à la chaux, ses fenêtres toujours aussi étroites, encadrées des mêmes petits rideaux à fronces rouges et verts et, accrochées dans la salle à manger, à côté de livres à la tranche abîmée, les peintures de la voisine. Autant de reliques qui tentaient d'égayer un lambris mordoré dont le vernis s'écaillait par endroits.

Tandis que le feu crépitait dans l'âtre, exaltant les arômes des rondins expurgés de leurs derniers restes de sève, Lino tournait les pâtes dans l'eau bouillonnante, un mouvement lent et régulier qui semblait ne jamais vouloir s'arrêter. Il y mettait du cœur, tout autant qu'à l'époque, lorsqu'il descendait ses chèvres des parcelles d'altitude avant l'hiver. Drapé dans sa pèlerine, tel un santon, il marchait dans leur sillage, derrière une nuée de barbichettes et de queues redressées.

Aujourd'hui, excepté sa cape, qu'il avait troquée pour une chemise bariolée, rien chez lui ne paraissait avoir changé : une vie simple, faite d'élevage et de petits riens. Il avait toujours fait corps avec la terre, avec le bois de charpente, la chaleur de la laine dans la bergerie et le foin que l'on cercle ; il aimait ses bêtes au point de leur dédier sa vie. Pour rien au monde il n'aurait suivi le même chemin que les autres fils de la montagne, lesquels décident, un beau jour, de quitter un village voué à mourir.

Descendre à la ville pour gagner mieux, abandonner les vieux sur les hauteurs, coupés du monde près de cinq mois de l'année, les laisser en proie aux Esprits, non, jamais Lino n'aurait osé, ni même pensé, faire une chose pareille.

Était-ce ces souvenirs, ou bien la chaleur des flammes qui dansaient dans la cheminée? Le feu a gagné les pommettes de Céleste encore durcies par les tourbillons de neige fondue.

D'un geste du bras désignant la table, Lino l'a invitée à s'asseoir. Ça lui a fait tout drôle, à Céleste, de se retrouver là, dans ce chalet, à humer l'odeur de sucre des Beef Taninges fraîchement transformées en coulis.

Mollement, les dents de sa fourchette se sont enfoncées dans le monticule de spaghettis. D'habitude, Céleste adorait les dérouler en les aspirant bruyamment. Mais elle n'avait pas faim. Surtout, elle craignait de se retrouver barbouillée de sauce tomate. C'était ridicule. Lino l'avait connue avec des langes maintenus par des épingles à nourrice, il l'avait vue avec ses cheveux courts, sa salopette de bûcheronne et ses bottes en caoutchouc, son panier sous le bras, couverte de boue, alors quelques éclaboussures sur les joues…

N'empêche qu'elle n'a pas touché à son assiette, se demandant bien comment amorcer la discussion.

Après un long moment d'hésitation, tout est sorti, d'une traite, dans le désordre, agrémenté de quelques reniflements étouffés dans un vieux Kleenex pétri en une boule trempée et informe: la pleine lune de la corneille, les séances chez Cerebrowicz (oui, on va beaucoup chez le psy, à Paris. Pas qu'on soit plus fou qu'ailleurs, mais ici, pour chasser le malheur, on se raccroche à nos petites superstitions, alors que là-bas…), les cultures de fausses morilles à la cave, le manège des vieilles, était-il au courant, Lino, du trafic en sous-sol ? Et surtout, quel lien avec la pleine lune ?

À un moment, elle s'est dit qu'elle parlait dans le vide. Mais au léger sourire qui s'est dessiné sur les lèvres du berger, elle a su qu'il l'écoutait. Alors elle a continué : sa fille Clara, oui, ça passe drôlement vite, déjà la sixième l'an prochain… Dans l'esprit de Céleste, tout se mélangeait : les Chamorros, l'île de Guam, Charcot, le départ fortuit de Murielle de l'hôpital, la honte d'avoir rompu le Pacte de l'Amitié, parce qu'on dira ce qu'on veut, Murielle, c'est peut-être une fille de la vallée pas tout à fait comme nous autres, mais c'est quelqu'un de bien.

Enfin, elle s'est excusée de ne parler que d'elle, ça lui arrivait si rarement…

C'est là qu'elle aurait dû s'en aller : quand le nœud dans son ventre s'est dissipé. Avant que Lino ne s'essuie la bouche. Avant qu'il n'étrangle sa serviette dans son poing. Avant que ça déraille.

Une histoire à y rester. C'est comme ça qu'il a commencé.

La colère avait assombri son regard. Céleste tapotait les miettes de pain sur le vernis de la table, un geste nerveux qui trahissait son appréhension.

Après quelques secondes, Lino s'est penché en avant comme s'il allait vomir, non pas la platée de spaghettis dont il venait de se remplir, mais quelque chose qui l'étouffait depuis des années.

– Ta mère, y a pas à dire, elle a foutu un sacré bazar…

Céleste s'attendait bien à ce qu'Hélène soit au centre de l'histoire. Elle redoutait la suite, bien sûr, mais elle s'est redressée sur sa chaise en hochant la tête, incitant Lino à poursuivre.

– Depuis le début, j'avais compris ses magouilles avec les champignons.

– Ses… magouilles ?

Lino a fait mine d'ignorer la question.

– C'est bien pour ça qu'elle a cherché à me couper le clapet quand la Mère est morte ! Elle demandait tout le temps après moi, pour me fourguer ses tisanes au mouron. Bois, gament, ça te fera du bien… Tu parles ! Ça t'arrache la gueule, ce truc-là. J'ai mis une paie, à comprendre d'où ça venait, que j'avais autant de mal à causer.

Aucun souffle ne sortait de la bouche de Céleste. Elle revoyait sa mère, sa bouteille Thermos à la main, ses allées et venues dans l'enclos, le mouron… C'est un bon gars, Lino, mais depuis le pépin arrivé à sa mère, on ne l'entend plus. C'est le mouron… Comment imaginer, à l'époque, qu'il pouvait s'agir d'une plante ? Une plante aux petites fleurs rouges bien connue des vieilles, lesquelles prenaient soin de l'arracher de leur jardin, tant les irritations risquaient de blesser les chats et les chiens du village. Des tisanes au mouron !

– Ah, ça ! a repris Lino en tapant du poing sur la table, elle a réussi son coup, avec ses tambouilles. Comme avec sa recette de champignons au chaudron. Ceux en forme de cervelle. Entre nous, ils m'ont toujours débecté, moi, ces machins-là. Elle leur racontait des sornettes, aux vieilles. La Mère, elle avait beau avoir la tête sur les épaules, elle a gobé l'histoire. Jusqu'au bout.

– Et as-tu une idée de la raison pour laquelle elle leur donnait ces champignons séchés ? De ce qu'elle leur disait, exactement ?

– Que oui ! Elle leur expliquait que…

Il n'a pas eu le temps de terminer qu'un bruit les a fait sursauter. Un oiseau avait heurté le carreau de la cuisine. À la façon dont Lino a immédiatement repris le fil de la discussion, Céleste en a déduit que, chaque jour, les vitres du chalet devaient être témoin de nombreux étourdissements de volatiles. Une remarque absurde qui maintenait son esprit en alerte.

– Elle leur disait, a enchaîné Lino, que si tu mangeais ce truc à la pleine lune, il rentrait dans ton cerveau pour le ravigoter ! Elle y a cru, la Mère, que ça l'empêcherait de vieillir... Tu sais, les vieux d'ici, y ont toujours peur de crever. Alors y sautent sur tout c'qui peut les tenir. C'est qu'elle en a boulotté, du machin ! Sec, ça se conserve des années. Des sacs pleins, qu'elle en avait. Oh, ch'te mets ma main à couper que y'en a qu'ont encore chez eux du stock de leurs vieux, et qui continuent d'en bouffer à tire-larigot ! Quand tu penses qu'on croit encore à des conneries pareilles...

Des deux mains, Céleste agrippait le rebord de la table. Il lui a fallu plusieurs minutes pour retrouver une respiration normale. Et tout autant avant de se laisser tomber sur le dossier de la chaise avec la sensation de s'affaisser de l'intérieur, à la vitesse d'un soufflé qu'on sort du four.

À vrai dire, elle ignore combien de temps elle a mis pour reconnecter son corps avec sa tête, remettre en marche ce processus qu'est la pensée, et essayer de comprendre. Comprendre comment on pouvait non seulement avoir eu l'idée d'inventer une histoire pareille, mais aussi croire de telles idioties. Du temps où l'on feuilletait les grimoires, passait encore, mais là... On était certes dans un village un peu arriéré, où l'on donnait dans les bougies noires et les incantations, mais il y avait la 4G, les gélules de collagène et les omégas-3, tout de même ! Et sa mère... Promettre la jeunesse éternelle aux grenouilles d'eau bénite ? Pour quelle raison leur avoir offert, ou vendu à la sauvette, des champignons censés repousser la mort ?

Brusquement, le corps de Céleste s'est mis à trembler, comme si un courant d'air s'était engouffré en elle. Un tressautement à la fois fébrile et plein de haine. La manifestation de la trahison. Du vice. Du mensonge. Dans la nature, au moins, il n'y a pas de place pour la feinte : toxique, comestible, caduc, persistant, vivace, annuel, les choses sont claires. Alors que sa mère... Un ramassis de manigances. Céleste la revoyait plier le linge, les sourcils froncés, tout au carré, rien qui ne dépassait d'un ordinaire triste à mourir. Hélène, la magicienne...

Quand Céleste a relevé les yeux, elle s'est mise à fixer un point sur le lambris de la salle à manger, juste au-dessus de Lino : sa mère était là. Oui, immortalisée dans les fibres d'une planchette en bois. Une des œuvres de l'Ancêtre, bizarrement l'une des plus gaies de la collection. On la voyait en train de sourire, un foulard abricot sur la tête et une gyromitre géante serrée contre son cœur.

Le ciel s'est assombri depuis que Céleste a quitté Lino. Contrairement aux flocons, la neige fondue offre ceci de particulier qu'elle plonge le jour dans la grisaille.

D'un pas abasourdi, anorak ouvert, elle marche sans ralentir le rythme. Ses semelles glissent sur la terre transformée en patioque. Elle repense à *Gyromitra esculenta*, une sacrée bizarrerie, comme les vieux en raffolaient. Pour autant, jamais ce champignon n'avait fait l'objet de papotages, lors des veillées au coin du feu. Tant de soirées, les uns serrés contre les autres, le visage cuivré par les flammes, à se laisser engourdir par la chaleur de la cheminée et les légendes. Toute une palanquée de récits invraisemblables, d'histoires de revenants et de loups-garous, de bêtes métamorphosées à la pleine lune, les croyances sur la Zhapitolta (la Bavarde, comme on la surnommait), une cloche mystérieuse en forme de poire dont tout le monde parlait, mais que seuls quelques anciens auraient eu le privilège d'entendre. Des heures entières à les écouter, et pour les vieux à s'agenouiller sur de petits tabourets, malgré leurs douleurs, pour prier la venue du curé et que soient bénis les pieux en aubépine et le fil de Sainte-Agathe.

Une quantité impressionnante d'anecdotes, à en donner le tournis. Mais dans tout ça, non, jamais la moindre allusion à la moindre substance capable de régénérer le moindre cerveau. À se demander si, déjà, à l'époque, la prétendue jeunesse ne se nourrissait pas de silence.

La neige a cessé de tomber mais la lombarde souffle de plus belle. Les herbes se courbent, ça siffle, Céleste sent le vent se faufiler entre sa peau et la doublure glacée de son anorak, elle l'entend hurler, porter la voix de sa mère. Même pas peur ! Un souffle la pousse, mais pas suffisamment pour gravir la côte au bout du village : il faut allonger le pas, tirer sur les mollets, réguler sa respiration encrassée par des années de pollution parisienne, fendre l'air.

Allez, qu'elle essaie donc de la suivre, sa mère, à ce rythme-là ! Qu'est-ce qu'elle croit ? Qu'il sera possible, après tout cela, de vivre normalement ? De reprendre le cours d'une petite vie toute tracée par les lignes de métro et les escalators de la Défense ? De retrouver Clara, comme si de rien n'était ? De taire ce passé, qui ne fait peut-être pas d'elle la fille d'une meurtrière, mais d'une… ?

Son corps s'immobilise. Non, sans commune mesure avec une de ces harpies au nez crochu surmonté d'une verrue, Hélène. Et puis c'est bien connu, les sorcières portent la marque du diable ! Sans exception. Céleste l'aurait obligatoirement remarquée sur le corps de sa mère quand il leur arrivait d'aller se baigner dans l'Isère. Un grain de beauté pas comme les autres, une tache, une empreinte, une plaie, une ride bizarre, elle l'aurait vue… Comme cette cicatrice, sous son pouce. Elle regarde la paume de sa main rougie. Un signe de Satan ? Impensable, c'était elle, et elle seule, qui s'était entaillé la chair. La preuve : Ernestine avait ramassé le clou dans la cour de récréation, et il y avait eu des témoins. Mais alors ? Alors elle suffoque, la main sur le cœur. Elle croit devenir folle. Et sur ce chemin qui n'en finit plus, qui monte, qui descend, où la verticalité cède peu à peu la place à des traînées de ramures en désordre, elle laisse les branches des sapins lui gifler le visage, et les égratignures la ramener à la réalité.

Arrivée au ruisseau du Manchet, elle prend son élan pour enjamber une bande de terre détrempée, mais une rafale lui fait perdre l'équilibre. Une bourrasque indescriptible, une nouvelle tempête de vibrations sonores. Elle se bouche les oreilles mais les sons forment des mots qui tintent de plus belle, virevoltent, s'ordonnent tels les maillons d'une chaîne invisible. Ça cogne dans sa tête. Et tout à coup, elle ne sait pas si c'est elle qui tangue ou le sol qui se dérobe sous ses pieds, elle finit par se laisser tomber.

Magicienne, tu parles ! Tu es la fille d'une sorcière, qu'est-ce que tu crois !

15

CÉLESTE NE S'ÉTAIT PAS TROMPÉE, à l'hôpital : il existait bien une chapelle.

Oh, il n'a pas été compliqué de la repérer, chez Lino, au moment où elle a repris son anorak accroché au clou, juste avant d'ouvrir le loquet. Une toute petite église peinte à l'huile, avec une porte turquoise en forme d'ogive, reproduite avec une précision incroyable sur une planche pas plus large qu'une mandarine. Une des nombreuses œuvres de l'Ancêtre, au bas de laquelle on pouvait lire, sur une étiquette minuscule, *Notre-Dame de Mont-Joli*.

À la façon dont Lino s'est raclé la gorge quand il a aperçu Céleste lorgner la peinture, immédiatement elle a su : Notre-Dame de Mont-Joli renfermait un autre bout de l'histoire. Une pièce du puzzle sur laquelle elle aurait parié que bébé Tintin avait eu une existence, comme si elle pouvait deviner qu'avant de tracer les contours de la petite chapelle, l'Ancêtre avait effacé une silhouette initialement dessinée au premier plan.

C'est l'orientation des ombres qui a mis Céleste sur la piste : la chapelle ne pouvait se trouver ailleurs que sur le versant nord, derrière la forêt de Mirbois, à l'endroit où se dressent les parois les plus froides et les plus vertigineuses jouxtant le Mont-Joli. Une zone à partir de laquelle, même à moyenne altitude, la lumière ne trouve pas la force de réchauffer le sol. Un paysage sillonné de couloirs creusés par le passage des torrents où, dès la fin de l'hiver, le grondement des avalanches fait malheureusement partie des bruits aussi familiers que les klaxons sur la rue de Rivoli.

Avant de se lancer à la recherche de l'édifice, elle a erré un bon moment dans le village. Trop perturbée pour rassembler ses forces. Et pour envisager de s'aventurer dans un endroit pareil chaussée de baskets. Quand enfin elle s'est décidée, elle a dû se résoudre à emprunter les chemins de traverse pour sillonner le mont de part en part, assez loin des endroits les plus escarpés.

Lorsqu'elle l'a aperçue au milieu de nulle part, posée sur une nappe de brume à l'extrémité du versant, elle l'a trouvée belle, cette église minuscule ; bien qu'en réalité, ses couleurs aient été bien moins vives que celles sorties des flacons de pigments de l'Ancêtre. Avec le temps, la pierre était devenue plus grise, le bleu de la porte moins bleu.

En aval, un enrochement et deux monticules de pierres protégeaient la chapelle. Un décor parfaitement inconnu de Céleste. Normal, jamais ses parents ne lui avaient fait brûler le moindre cierge. C'est bon pour les grenouilles d'eau bénite, ça ! Pour les faibles d'esprit.

Un des rares versants où elle n'avait jamais posé son panier non plus, et quelque part, grand bien lui en avait pris.

Elle s'est avancée.

De prime abord, elle n'a rien vu d'autre que la façade en forme d'ogive. Transie, elle se tenait là-devant, ses baskets sur le sol gelé, et dans sa gorge ce même nœud qui s'était formé chez Lino. Plus elle approchait, plus la boule enflait, aussi rapidement qu'une morille desséchée se réhydrate au contact de l'eau bouillante. Tout à coup, cette boule s'est mise à osciller, tel un pendule : on lui indiquait que c'était ici, dans ce champ électromagnétique, sur les pentes les plus abruptes du Mont-Joli, qu'elle remonterait tout au début. Là où tout a commencé.

Sa main a attrapé la poignée rouillée, et la porte s'est ouverte dans un grincement strident.

Notre-Dame de Mont-Joli n'abritait aucune âme en prière. Qui aurait eu envie de venir se perdre dans un endroit pareil ? Seuls quelques rais de lumière percutaient des vitraux géométriques dépourvus d'éclat. Dans la pénombre, on pouvait apercevoir un autel en bois brut, sur lequel reposaient un bouquet de fleurs en plastique, quelques couronnes de branchages et, au sol, un tapis élimé qu'on aurait mieux vu en paillasson.

– Eh bien ! s'est exclamée Céleste à voix haute en jetant un regard circulaire dans l'édifice, il y en a des tonnes, des enfants, là-dedans !

Des chérubins dissimulés ici ou là, à commencer par ce tableau de sainte Marie-Madeleine entourée d'une ribambelle d'anges aux ailes diaphanes, les bras couverts de fleurs de lys. Sur le relief de l'autel, aussi, plusieurs visages rebondis travaillés dans le bois la dévisageaient. En retrait, derrière le chœur, il y avait également un gamin à l'air un peu niais, peut-être le seul à avoir une tête à se prénommer Tintin. On l'avait accroché à une statuette du Christ en plâtre qui trônait sur un socle entouré de roses en tissu. Les fleurs étaient saupoudrées de minuscules cristaux blanchâtres ; c'était dans du sucre comme celui-là, aux angles bien formés, que Céleste et Murielle trempaient les bugnes à peine égouttées de la marmite d'huile fumante, le mercredi après-midi. Ça sentait tellement bon... Alors qu'ici, aucune odeur, pas même un effluve d'encens, ne rappelait la moindre présence.

Céleste s'apprêtait à tourner les talons, quand son œil s'est arrêté sur le sol : une icône se trouvait là, à ses pieds. Quelqu'un l'avait décrochée et déposée en bas de l'autel. Une planche rectangulaire, dont les dorures s'écaillaient par endroits. Elle représentait une femme vêtue d'une cape grenat, avec une capuche évasée qui lui mangeait la moitié du visage. Le personnage penchait légèrement la tête sur le côté. Céleste l'a imité.

Un bon moment elle est restée ainsi, le cou tordu, envahie par la sensation de distinguer, dans les contours de cette silhouette, les linceuls des fantômes de son passé. Mais autre chose l'interpellait : l'arrière-plan. Y figuraient des aplats verticaux sur une étendue d'un vert sombre. À y regarder de plus près, il s'agissait d'une alternance de tombes piquées dans une terre couleur émeraude. Oui, c'était bien cela qu'elle avait devant les yeux : un cimetière qui donnait l'impression de flotter dans un décor trop grand pour lui.

Cimetière. Un mot qu'elle n'avait plus prononcé depuis le décès de sa mère. Excepté le jour où Cerebrowicz lui avait proposé l'exercice d'association libre. Je vais vous citer pêle-mêle toute une série de mots, avait expliqué la psy, et vous y réagirez le plus rapidement possible en m'en donnant un autre qui vous vient à l'esprit. Par exemple, si je vous dis « soleil », vous me dites ? Au début, Céleste avait trouvé ce petit jeu bien difficile. Elle avait fini par répondre « brûlure ». Par la suite, il y avait eu « joie » et « vide », « peur » et « fantôme », « voiture » et « tondeuse », et bien d'autres. Puis « cimetière ». Là, sans hésiter, Céleste avait répondu « chapelle ». Sur le moment, elle ne s'était pas demandé ce qui avait bien pu la conduire à une telle association.

Aujourd'hui, elle n'a pas eu à aller très loin, pour le comprendre. Derrière la chapelle, plusieurs tombes dressées en quinconce, dans un mélange de brume et d'herbes hautes, tournaient le dos à la montagne. Le cœur battant, elle s'est approchée de cet échiquier mortuaire, sans céder à la peur, car quiconque a été bercé à coup d'histoires de revenants et de loup-garou est capable de se promener tranquillement parmi les morts. D'autant qu'on l'avait toujours prévenue, Céleste : le Mal était capable de frapper n'importe quand, n'importe où, mais *jamais* il ne s'en prenait aux défunts, et encore moins aux chapelles, placées sous la protection éternelle des cloches.

Quelques pas la séparaient des premières pierres tombales, quand, justement, a retenti une vibration à la fois sourde et étonnamment claire. Une résonance d'une limpidité surprenante, un son que Céleste n'avait encore jamais entendu, ni dans les alpages ni près des plus belles cathédrales. Rapidement, l'écho s'est dispersé dans les ramures des sapins, avant de s'évanouir dans la vallée. Qui donc avait eu le courage de venir fouler une terre si hostile pour y faire sonner une cloche à toute volée ? Lino l'avait-il suivie jusque-là ?

Son regard a tâtonné le ciel. Elle a placé une main en visière, et malgré la luminosité qui continuait de lui barrer la vue, il lui a été facile d'apercevoir, au niveau du clocher, une forme de plus en plus nette. Une forme surprenante pour une cloche. En effet, sous le mouton pendait un cerveau tout fin qui s'élargissait en une jupe refermée sur elle-même. Une forme de poire.

La Bavarde était là… Céleste a écarquillé les yeux.

La légende racontait que cette cloche n'avait besoin de personne pour se mettre à sonner. Elle veillait sur les défunts de la montagne, les protégeant des intentions maléfiques pour l'éternité. *S'y avè pâ l'didindô, La Zhapiltolta, D'fari tanpétâ!* S'il n'y avait pas la cloche, la Bavarde, j'enverrais la tempête!

Céleste connaissait tout des dialogues des Esprits. Presque aussi bien que les anciens, les seuls à avoir eu la chance d'entendre un jour la Bavarde et à croire en ses pouvoirs.

Encore imprégnée des ondes du carillon, elle a traversé l'allée.

Une première tombe, abîmée par le temps, l'a invitée à s'arrêter. Délestée de son petit sac à dos, elle s'est accroupie. Un nom était gravé sur la pierre. Tellement érodé par la pluie et le ruissellement des neiges de printemps, qu'il semblait vain d'essayer de le déchiffrer.

Elle était en train de scruter les cristaux du granit quand, soudain, rebelote, un sifflement. Son corps s'est redressé. Elle s'est retournée en jetant un œil par-dessus son épaule. Personne. Elle a tendu l'oreille. Mais dans le petit cimetière, il n'y avait que le souffle du vent. Le vent dans les couloirs de la mort.

D'un geste sec, elle a remonté la fermeture éclair de son anorak.

Qu'est-ce qui lui avait pris, nom d'un chien, de vouloir à tout prix débusquer cette foutue chapelle ? Plusieurs fois elle avait failli stopper net et prendre la tangente. Revenir sur ses pas en retraversant le Mont-Joli de part en part et rentrer à Paris. Apprendre à aimer sa petite vie. Car on finit par s'habituer à tout, paraît-il. Même à une existence vue au travers de culs de bouteille.

Mais elle a continué.

Dans un renfoncement, après une légère bifurcation se profilait une autre tombe, nettement moins haute celle-ci, et à moitié dissimulée par une touffe de lanières blondes brûlées par le froid. Autour de la sépulture, un bouquet de crevasses fendillait le sol.

D'une main tremblante, elle a empoigné les herbes.

Une âme comme tant d'autres, enfouie là depuis des années, peut-être des siècles, se terrait là-dessous. Et sur ce qu'il restait du corps, on avait déposé une plaque en marbre pas plus grande qu'une tablette de chocolat. Des lettres en italique, aussi fines que des traces de café laissées sur les parois d'une tasse, composaient une longue phrase, impossible à décrypter, hormis la fin : *… décédé… plus jeunes années.*

Soudain, le claquement du linge que l'on secoue a fait sursauter Céleste. L'agitation n'a duré que quelques instants, le temps que le choucas prenne appui sur une branche et s'envole au-dessus de la forêt. Elle l'a entendu s'éloigner à tire-d'aile, et son cœur a ralenti.

À nouveau ses yeux se sont posés sur la petite tombe. D'un geste fébrile, elle a soulevé la plaque. Sur la pierre ressortaient quelques lettres, bien plus grosses, celles-ci, de part et d'autre desquelles on en voyait encore d'autres.

Elle a rentré sa main dans la manche de son anorak, comme elle avait l'habitude de le faire, le matin, pour échapper aux microbes collés sur les portes du métro, et elle s'est mise à frotter, dans un mouvement de va-et-vient acharné.

Enfin est apparu un nom.

D'un bond, elle a reculé en retenant un cri, comme si la pierre venait de s'embraser. Les mains jointes sur son cœur, elle n'en finissait plus de relire ce nom, rien d'autre que ce nom.

Quand elle a relevé les yeux, la terreur avait pétrifié son visage.

Et brusquement, sur la terre craquelée par le froid, il n'est plus resté qu'un déchirement. Une douleur qu'elle a tenté de soulager en écrasant sa paume contre sa poitrine. Un pic en un point précis, comme une aiguille qu'on lui aurait enfoncée juste là, en plein milieu du cœur, à l'intersection entre la colère, l'amour et la haine.

16

QUAND ELLE REPREND SES ESPRITS, elle est en train de courir. Poings fermés, le souffle court et la rage dans les mollets, dans une course folle, sans toutefois avoir l'impression de l'être vraiment. Car le nom, sur cette tombe, était bien réel. Oui, une main durcie par le froid avait incisé la pierre, creusé une marque qui demeurerait dans le granit, pour l'éternité.

Embarquée sur sa lancée, telle une coulée de neige propulsée dans un couloir d'avalanche, plus rien ni personne ne semble désormais en mesure de l'arrêter. Elle cavale, avec la sensation de pouvoir emporter son corps encore très longtemps, comme ça. Sur des kilomètres. Jusqu'à se hisser de l'autre côté de la vallée. Parce que cette course-là n'a pas de point de chute, pas d'objectif, pas de métro à attraper au vol, ni de compte-rendu à faire à la dernière minute ou de linge à étaler à la va-vite. Sa course est celle des gens qui viennent de comprendre. L'élan douloureux de ceux qui se dirigent vers un avenir dans lequel ils sauront d'où ils viennent. Et ces gens-là, un jour, prendront plaisir à retourner gratter la terre de leurs racines.

Est-ce la vitesse ? Un vent glacé picote sa peau. Des larmes roulent sur ses joues, ça glisse jusque dans ses oreilles, elle s'essuie d'un revers de manche, détalant de plus belle, à flanc de montagne. Cela fait quoi ? Pas loin d'une demi-heure. Normal que son cœur s'épuise. Et que la nuit soit tombée. Comme chaque fois qu'elle cherche à refouler quelque chose, elle plaque sa main contre sa poitrine, mais le nom sur la tombe réapparaît, telle une mouche impossible à chasser. Sa respiration se coupe. Heureusement, la voilà dans la pessière de Mirbois, chez elle. Il fait si sombre…

Elle serre son col. La tête lui tourne. Il lui avait bien dit, Lino, de grignoter un morceau. Ce n'est pas le moment de flancher. Elle se remet à courir, tête baissée. Les branchages la frôlent, elle trébuche sur une racine… Putain d'arbre ! Malheureusement, elle n'a pas le réflexe de tendre les bras ; la voilà effondrée sur la terre durcie de la fin de l'hiver, enroulée telle une fougère dans sa coque de verdure. Son corps palpite, ses mains tremblent, elle les pose à même le sol : ils sont là, tout puissants, en train de gouverner secrètement le monde. Elle les sent vibrer, enfermés dans leurs gaines souterraines, à tisser un lien qui domine la vie, dans l'attente de la pluie du printemps qui les fera éclore. Elle les entend piaffer sous sa chair meurtrie. Pézizes, hygrophores de mars, morilles, et bientôt, les oreilles-de-Judas, ainsi que la merveilleuse pholiote changeante, un champignon au nom imprononçable, *Kuehneromyces mutabilis*, l'agaric à soupe, avec son chapeau surmonté d'une cocarde ochracée. En quelques secondes, tout lui revient en mémoire. Non, elle n'est pas folle ! La terre se met bel et bien à crier ! On lui en fait tellement voir…

Du bout des doigts, elle gratte la croûte gelée, un geste qu'elle a répété des centaines de fois, jusqu'à atteindre l'humus gras et sombre ; jamais cet amalgame de débris en décomposition ne lui aura autant rappelé la chance qu'elle a d'exister, aussi minuscule soit sa vie.

Elle en attrape une pincée. Dans sa main, le terreau semble se couvrir d'une multitude de facettes, brillant comme cristal au soleil. Il n'y a que le quartz noir pour scintiller de la sorte. On dirait des étoiles dans un ciel d'orage. Et s'il lui prenait l'idée de les assembler ? De s'approcher un peu plus près. Qui découvrirait-elle, Céleste, derrière ce miroir minéral ?

Alors que sa bouche n'est plus qu'à un souffle de sa main, elle humidifie ses lèvres, les pose délicatement sur la terre, ça colle, elle aime ça. Se remplir d'humus. Sentir le substrat infuser son corps. Au lieu de cela, c'est un pantin, qui s'agite en elle. Il ne la lâche plus, gigote jusque dans les pointes de ses cheveux. Il faut l'expulser, le sortir du bout des ongles, comme on arrache une épine d'un panaris. Et continuer.

Suivre son cœur.

Oublier sa boussole mentale.

À nouveau elle s'agenouille, enfonce ses ongles dans le sol, s'acharne, creuse plus profondément jusqu'à extraire une poignée de cheveux blanchâtre entremêlée de radicelles. Pure symbiose que celle du mycélium avec les arbres : si l'un meurt, l'autre suit. Il ne lui reste plus qu'à tirer. Pour voir. Suivre le fil, épouser les courbes du chemin, laisser faire la mécanique de ses articulations, s'abandonner au monde de l'infiniment petit.

17

La lombarde a définitivement cessé de hurler. Dans la noirceur du ciel dépourvu d'étoiles, seul un bruissement demeure, le va-et-vient des branches de sapin sur le carreau de la salle de bains.

Céleste ignore quelle énergie l'a poussée à se relever, en vertu de quelle force elle a remis un pied devant l'autre pour reprendre le chemin du mazot, et d'où lui est venue celle de retirer ses vêtements trempés, de délacer ses baskets et de se traîner sous la douche, sur le tapis à ventouses. Elle se souvient simplement avoir beaucoup pleuré dans la forêt. Tellement, qu'elle aurait pu épuiser le stock de larmes de toute sa vie. Elle espérait voir des silhouettes, autres que celles des arbres, se pencher sur elle. Capter des paroles, des mots réconfortants, entendre la voix de Clara et, aussi, se glisser sous une douche bien chaude. Parce que ce qu'elle avait découvert dans le cimetière lui avait glacé le sang.

L'eau ruisselle sur sa chevelure, ses hanches, elle aimerait tout effacer pour ne conserver que cela, le liquide sur sa peau, le parfum de la mousse à l'orchidée et ce nuage de vapeur, moelleux comme du coton. Mais la machine est en route, fouiller le passé ne laisse jamais indemne, elle le savait, elle ne peut faire marche arrière et ses pensées l'obsèdent : la femme drapée de grenat, sa capuche rabattue sur son visage, la petite tombe, l'ombre sur la pierre, et ce nom… Ce nom la nargue, danse dans la brume parfumée, pareil aux apparitions qui viennent hanter les rêves les plus doux.

Faites cesser votre vacarme intérieur, madame Wolf… Voir le verre à moitié plein, madame Wolf… Cerebrowicz se mêle au ronronnement du chauffe-eau et à la vision de ce fichu verre – un récipient de psy dont Céleste n'a jamais compris par quel tour de passe-passe il permettait, d'un simple claquement de doigts, de changer sa façon de voir les choses. Murielle saurait probablement lui expliquer scientifiquement le phénomène, question de sérotonine dans le cerveau ou autre chose du genre.

Tandis que l'eau glisse sur son visage, ses paupières se ferment, désireuses de revivre, pour quelques instants, cette époque où, auprès de Murielle justement, elle se sentait plus légère. Le temps insouciant des mercredis après-midi et des bugnes saupoudrées de sucre. Raviver dans ses narines l'odeur âcre et pénétrante de l'acide formique, quand elles s'amusaient à taper sur les fourmilières, avant d'y déposer une fleur de gentiane et de l'examiner se décolorer sous l'action des projections des insectes en furie. Revoir le sourire de Murielle, lorsqu'elles enfilaient leur blouse pour malaxer l'humus. Mais dans la vapeur de la douche, peu à peu, le sourire s'estompe pour laisser la place à une blouse d'hôpital, si blanche… Et à une mine fermée, imprimée sur ce visage parsemé de taches de rousseur, que Céleste avait imaginé plus vif que les feuilles d'automne. Toutes ces images refont surface, se mélangent au corps d'Ernestine, aux yeux de Lino, sombres de colère, aux cerveaux séchés, à sa mère… Et maintenant, cette inscription, gravée sur la pierre.

À nouveau Céleste s'agite, elle lutte contre ce nom détestable qui remonte, pareil à un corps possédé incapable de couler. Elle tape dans le rideau de douche du plus fort qu'elle peut, essayant par ce geste de chasser ses visions, mais le plastique plie sous son poing, et les souvenirs s'imposent avec violence. Elle imagine le petit tas d'os couché en pleine terre, seul dans sa tombe minuscule. Il fallait sacrément en vouloir pour braver les rafales du nord, choisir un emplacement protégé des vents, piocher la terre durcie par le froid et gelée par les pleurs, aller y enterrer le corps, un corps qui avait porté ce nom.

Même quasiment effacé, même sans son accent sur le « e », même les yeux bandés, Céleste l'aurait déchiffré. Combien de fois l'avait-elle écrit, à la plume, au stylo bille, au crayon, en majuscules, en minuscules, elle l'avait tellement entendu, lu et relu, des milliers de fois, sur ses cahiers de classe, elle l'avait vu inscrit à l'intérieur de son imperméable, sur son livret de famille, pour la dernière fois, avant de se marier et de prendre son nom de tondeuse, Wolf. Ce nom, qu'elle avait rejeté, c'était le sien : Rancé.

Oui. Une partie d'elle-même gisait là-bas, sur le versant nord du Mont-Joli.

Célestin RANCÉ
1973 – 1976

Célestin. Céleste. Célestin. Bébé Tintin…

C'était elle. À deux lettres près.

Quand l'inscription est apparue sur la pierre, quelque chose l'a traversée de part en part, sans perturber la moindre de ses cellules, ne laissant dans son cœur qu'une aiguille chauffée à blanc.

Si ses parents avaient été là, elle leur aurait craché en pleine tronche ces deux petites lettres de rien du tout qu'ils s'étaient contentés d'ôter pour la faire exister. Une absence plus tenace que l'adhésif d'un vieux sparadrap, qui avait suffi, dès les premiers jours de son existence, à la rendre *in*capable, *in*visible, *in*existante.

C'est le Ciel qui t'a envoyée… Qu'on ne vienne jamais plus lui raconter un truc pareil. C'est la Terre ! La terre aride des cimetières, sur laquelle rien ne pousse, la sale terre, que même les plus violents orages n'arrivent pas à pénétrer. Forcément, qu'arriver comme ça, naître après un mort, ça ne peut rien donner qui vaille ! Il avait déjà pris toute la place, le morveux, la condamnant à l'ombre. Oui, Célestin a toujours été l'original, et elle la triste copie.

Le château lui revient en mémoire, cette satanée construction dont elle n'avait jamais voulu, avec le pont-levis et les soldats de plomb. Ils recyclaient les cadeaux du premier, ses salopettes, ses babioles, tous ces objets sans propriétaire, absolument tout ! Plein le dos, de Goldorak. En plus, le gamin n'avait même pas l'âge d'y jouer.

Une enfant de seconde main, Céleste. Une gamine de pacotille, brisée, qui avait poussé comme le chiendent, dans des interstices qui ne lui étaient pas réservés.

Sous la douche, l'eau se met à fumer. Ça brûle. Tout juste si elle ne sent pas sa chair se décoller.

Bousiller sa petite vie ?

Au fond, une existence comme la sienne n'a pas vraiment d'importance. Certainement pas davantage que celle de cette araignée, avec ses longues pattes et son corps pas plus gros qu'une tête d'épingle, qu'elle est en train de noyer sous le jet. Mais la bestiole se débat, ses pattes se replient et, subitement, une masse noire, informe, aussi légère et insignifiante qu'une brindille poussée par la lombarde, s'engouffre dans le siphon de la douche.

Et si elle disparaissait sous la faïence, elle aussi ? À qui manquerait-elle, à part Clara ? Murielle l'a laissée tomber comme une vieille chaussette, son père n'aligne plus deux mots et, au bureau, on est loin de l'attendre pour jacasser dans l'*open space*. Couler. Aller retrouver les bigotes du village, sous les racines des fleurs sauvages. Les secouer de toutes ses forces pour tenter de reconstituer l'histoire : à quoi ressemblait-il, Célestin ? Ses cheveux, les lui coupait-on aussi court, avec les mêmes ciseaux à bouts ronds ? Et la nuit ? Il se passait quoi, quand il se mettait à hurler ? Fourrait-on des copeaux d'arolles dans son oreiller ? Ou bien avait-il droit à des câlins ?

Et sa mort ? Les Esprits avaient-ils réussi à contourner les coupelles de miel, à traverser la luzerne et à se faufiler entre les groseilliers jusqu'au mazot ? Ou bien une chute ? Un pied mal assuré sur un rocher lissé par le gel, il n'en faut pas davantage, en montagne ; un danger est si vite arrivé. Et si on l'avait poussé ? Jeté du haut d'une falaise ? Balancé au fond d'un précipice ? Une noyade dans l'Isère, par exemple, juste après Landry, à l'endroit où le lit de la rivière se décroche de la berge. Ou alors, une fausse route. Oui, étouffé avec sa bouillie, Tintin! Céleste imagine sa mère frapper à grands coups sur le thorax du bébé, mais rien à faire, le souffle du mioche se bloque, il bleuit. Des cris. Encore sa mère. Céleste l'entend hurler, elle pleure, son Célestin chéri est en train de la quitter, sa mère hurle et elle l'imite, le corps secoué par une vague de spasmes incontrôlés.

L'eau est si chaude. Ce pschitt… Les pulsations dans ses veines dilatées? Est-ce du sang d'Hélène qui bat, qui saute, charriant au passage ces visions atroces? Comment savoir? Oui, comment être sûr, au fond, du sang de ses parents?

– Céleste?

Son père!

Elle avait presque réussi à l'oublier. Un timbre fébrile, mais encore suffisamment puissant pour couvrir son vacarme intérieur. Elle entend déjà la suite: File de là! Ça coûte bonbon, l'eau chaude!

Quand bien même il n'a plus la force de l'enguirlander, ni même de rassembler ses esprits pour l'envisager, Céleste s'empresse de fermer le robinet et se glisse hors de la douche sur la pointe des pieds, comme elle le faisait gamine. Rapide coup d'œil à sa montre, bientôt dix-neuf heures. Clara est rentrée de l'école depuis un moment, mais Céleste n'a plus la force de s'inquiéter, ni des devoirs ni de ce que cuisinera la mère de Jade pour le dîner. La Terre continuera de tourner sans vous, madame Wolf… Oui, peut-être même mieux, soupire-t-elle en se séchant.

– Céleste?

Des années sans avoir prononcé la moindre parole, son père, et déjà, le son de sa voix l'insupporte. Elle s'habille, son jean colle à sa peau humide, elle rouspète, qu'est-ce qu'il lui veut ? Des excuses ? Un pardon ? Pas de pardon qui tienne !

Quand elle se redresse, une ombre laiteuse apparaît dans le miroir. Elle s'attarde un peu, tend le cou pour mieux se regarder : de qui tient-elle cette chair si pâle ? D'une sorcière ? D'une meurtrière ?

La nausée la soulève. Elle empoigne le lavabo. Oui, Céleste a le cœur au bord des lèvres, parce qu'elle imagine très bien de quoi un être humain acculé par la douleur de perdre son enfant peut se révéler capable.

18

DANS LE MAZOT ENCORE ENDORMI, c'est comme si quelque chose s'était soudain apaisé. Allongée sous les combles, Céleste se laisse bercer par la lumière du petit matin, une lueur si pâle qu'elle peine à traverser la lucarne du grenier.

Le souffle de son père plane encore sur elle. Il s'est souvenu de son prénom. En fin de compte, elle l'a trouvée légère, cette voix. Très douce. Pareille au jour qui se lève. Et dire qu'elle pensait se faire enguirlander pour s'être éternisée sous l'eau chaude ! En réalité, c'était un tout autre message qu'il cherchait à lui transmettre, un secret cadenassé de l'intérieur, aussi précieusement gardé que les légendes de montagne et l'histoire du champignon cerveau, et dont elle n'aurait su, il y a quelques heures encore, décrypter le sens.

Parce qu'il lui a fallu toute la nuit pour deviner ce que sa bouche tordue essayait de lui dire. Et tout autant pour reconstituer le fil de l'histoire.

Ça a débuté hier soir, après la douche, lorsqu'elle s'est hissée en haut de l'échelle, au moment d'enjamber le dernier barreau.

Elle était persuadée de le connaître par cœur, le grenier de son enfance, jusqu'au dessin de chaque nœud dans le bois, au millimètre près. Mais un détail avait échappé à son attention les jours précédents.

Encore un objet sans propriétaire, a-t-elle soupiré en apercevant, coincée entre une pile de cartons et sa table de Lilliputienne, une vieille boîte à chaussures, trop récemment déposée là pour avoir eu le temps de prendre la poussière, et sur laquelle demeurait un semblant d'étiquette : *Modèle Sandala – Femme – Taille 39*. La pointure de sa mère.

Mais dedans, rien qui ne ressemble à une paire de sandales.

À tort, elle a d'abord pensé à de simples babioles du passé, comme on en conserve tous : des photos jaunies par le temps, la plupart en noir et blanc, certaines de format carré, prises avec un polaroïd. Et puis une série de diapositives numérotées, rangées dans une pochette Agfacolor, ainsi que des coupures de journaux, une enveloppe bleue, quelques papiers, et une petite baguette en bois.

Intriguée, elle a saisi l'enveloppe.

Pas d'expéditeur ni de destinataire. D'un index tremblant, elle l'a décachetée avant d'en tirer une feuille de la taille d'un chéquier. L'écriture était soignée, plutôt assurée. À voix basse, elle a lu :

Décès de Célestin, Georges, Rancé.
Le 13 mars 1976…

Le 13 mars ? Avec une précision foudroyante, elle a revu son stylo tourner autour de cette date, sur le papier glacé de *Femme & Moi*, et puis cet autre cercle tout fin, sur le calendrier des PTT…

Le 13 mars 1976, à vingt-trois heures cinquante-huit, Célestin, Georges, Rancé, fils unique de Hélène et de Georges Rancé, est décédé à l'âge de deux ans et trois mois en présence de ses parents, au chalet Le Mazot, 4 route de l'Ancolie, Le Village (73, Savoie). Après m'être assuré dudit décès, je dresse le présent acte.
André Chapus

Chapus… Quand bien même cet homme était parti en retraite, et certainement bien loin d'ici, quelque chose au mazot ne cessait de marquer sa présence. C'était comme si son être demeurait incrusté dans le bois et la pierre, désintégré dans un nuage d'ondes négatives planant sur le chalet.

Était-ce ces vibrations invisibles, ou bien le bout de papier qu'elle avait sous les yeux ? Un pic s'est fiché dans son ventre, du côté du nombril. Pour contenir la douleur, elle a plaqué une main sur son cœur et enfoncé l'autre dans sa chair, exactement comme elle le faisait pour soulager ses points de côté, après avoir trop cavalé dans la cour de récréation. Elle est restée ainsi repliée sur elle-même, agenouillée sur le plancher, le regard dans le vague, jusqu'à ce qu'il se fixe sur les clichés.

C'est là qu'elle a vraiment commencé à comprendre.

Au premier coup d'œil, elle n'a pas reconnu grand monde ; c'est toujours comme ça, les photos de famille. Il y avait bien Pépé

Émile, avec son berger allemand, et Jeannot, l'oncle du lapin. Quelques voisines, aussi. Josée, tout de noir vêtue, Ernestine, avec sa blouse et son crucifix, et puis, accroché à la pochette Agfacolor à l'aide d'un trombone rouillé, un bébé.

L'enfant dévisageait Céleste, l'air étonné. Deux billes, grandes ouvertes. Évidemment ! Qu'est-ce qu'elle fabriquait là, dans le grenier qui avait été le sien ?

Oui, ce bébé au teint diaphane, ce poupon bleu ciel, beau comme une effigie de publicité pour l'eau minérale, avec sa houppette blonde plantée sur le haut du front et sa fossette entre les sourcils, ce gamin, qu'elle avait écrasé pas plus tard que l'avant-veille sur la terre battue de la cave, avant de le balancer comme on jette un jouet cassé, ce gamin fixait désormais sa sœur.

Célestin, avril 1975. Même pas deux ans.

D'une main fébrile, elle a éparpillé les autres photos sur le parquet.

L'une datait de 1969. Avant la naissance de Célestin.

Une brochette de joyeux drilles endimanchés, immortalisée sur le papier d'un cliché en noir et blanc. De toute évidence un jour de fête (un mot qu'on se gardait bien de prononcer, au village, tant il avait le don d'hérisser les Esprits. On lui préférait « rioule », qui voulait dire la même chose, mais en savoyard).

Dans ses tempes, ça s'est mis à cogner. Des pulsations sourdes. Puis la scène s'est dessinée dans sa tête : les godillots frappent le plancher, un spectacle endiablé se prépare, une danse des bâtons, sans doute. Les gais lurons rient à gorge déployée, ces éclats de rire qu'elle n'a jamais supportés. Les corps ondulent, sautent, on tape violemment le plancher, avec des cannes en bois. Dans la pénombre poussiéreuse des combles, Céleste croit bien les reconnaître tous ces faciès : il y a l'Ancêtre, avec ses cheveux tirés en arrière et son gros chignon, le frère d'Ernestine, ses parents, Hélène et Georges, si jeunes, si souriants. Méconnaissables. Et leurs yeux… Exceptionnellement clairs, vidés de la brume haineuse qui leur avait toujours tapissé le regard. Sa venue au monde avait-elle à ce point empoisonné leur existence ?

Le nez collé à la photo, Céleste a échafaudé un tas d'hypothèses, avant de se rassurer : les gens changent. Comme les champignons, un beau jour, allez savoir pourquoi, les meilleurs comestibles deviennent toxiques, les plus inoffensifs, de redoutables suspects. Ce qui était vrai pour *Gyromitra esculenta* l'était aussi pour *Paxillus involutus*, avec sa marge enroulée et sa chair roussissante, et pour le jaunet des chevaliers. Alors pourquoi pas pour ses parents ?

Au cœur de la bande de villageois, il y avait un gars légèrement en retrait, avec une moustache aussi sombre que son chapeau. Elle ne se souvenait pas avoir connu d'homme à moustache dans son enfance, néanmoins, ce type lui rappelait quelqu'un. Quelqu'un de sacrément culoté, en tout cas, pour passer son bras autour du cou de sa mère. Et ce regard en biais, si complice…

Soudain, un détail l'a frappée : cette tête bizarroïde qui s'effilait vers le sommet du crâne, à la façon d'une meringue !

Chapus !

La veille, déjà, Lino lui avait rabâché les oreilles, avec le médecin. En effet, d'après lui, si Hélène vantait les bienfaits de sa poudre de perlimpinpin aux vieilles du village, si elle se réjouissait d'apprendre que les soirs de pleine lune, elles joignaient les mains en remerciant le Seigneur (et surtout, elle, Hélène) de les abreuver de sacs remplis d'espoirs de jouvence, c'était pour une seule et unique raison : leur flanquer la misère, au toubib et à ses groupies. Parce que ses pilules, c'était de la gnognotte, comparées au machin en forme de cervelle. Un truc de bonnes femmes, quoi.

Lino avait appuyé sur le mot « misère ».

La misère ? La misère, ou la mort ? Sa mère les détestait tellement. Tant de rancœur, bon sang ! On le sait, en montagne, on a mille occasions de se haïr : une brebis égarée sur une parcelle voisine, un terrain mal délimité, une tomate volée sur un plan de Beef Taninges, et c'est la foire d'empoigne. Mais de là à être pris d'envie de meurtre ?

L'esprit de Céleste s'est mis à tourner aussi vite qu'une scarole dans une essoreuse à salade. Jusqu'à ce qu'une dernière pièce, cachée sous les coupures du *Dauphiné Libéré*, vienne compléter le puzzle.

Un courrier.

Une simple feuille à petits carreaux, noircie de la main de sa mère. Des lettres nerveuses et appuyées. Céleste n'a eu aucun mal à imaginer la scène : Hélène voûtée sur la table de la cuisine, le papier collé à la toile cirée, elle peste, s'applique du mieux qu'elle peut, aligne les mots, griffe la feuille, sa main tremble, sa plume se bat avec l'encre, avec les pleins, les déliés et ses points, si vifs. Comme des points de couture sur une plaie béante, une rafale de piqûres destinées à contenir la souffrance charriée en elle depuis tant d'années, et qui continue de la martyriser, sous les racines des fleurs sauvages. Qu'est-ce que tu crois !

Quand l'image de sa mère s'est effacée, Céleste s'est sentie vidée. Aussi désemparée qu'une balle de ping-pong qui heurterait le haut du filet en se demandant, dans un interminable suspens, si elle réussirait à passer le cap.

Car dans cette lettre se profilait une accusation à l'encontre de ce vaurien de Chapus…

Il avait laissé partir Célestin comme on regarde s'enfoncer un hameçon plombé. Un médecin ? Passer à côté d'un *Purpura fulminans* ? Confondre avec une vulgaire rubéole une infection galopante qui aurait nécessité l'administration d'antibiotiques en urgence ? Apparemment, sa visite au mazot n'avait donné lieu à aucune prescription. Un virus un peu cogné et pas grand-chose d'autre à faire, sinon prendre son mal en patience. Même ses propos étaient consignés dans le courrier qu'Hélène destinait au Conseil de l'ordre des médecins de la Savoie.

Céleste tremblait. Sa lecture terminée, les gémissements de ses parents se sont imposés ; c'était plus fort qu'elle. Elle a eu beau se boucher les oreilles, les cris lui cassaient les oreilles. Sur le coup de minuit, il y avait eu des hurlements, des pleurs, les prières des voisines, leurs bras tendus vers les puissances invisibles : *Tirtelàvér, et reista tranquille !* Tiens-toi à distance et reste tranquille ! Des incantations ! C'était oublier qu'en montagne, on n'écarte pas si facilement les Esprits.

Le petit Rancé est mort. Ça s'était répandu dans le village, dans les champs et les étables, à force de chuchotements, *vin diou*… Quand de telles catastrophes se produisaient, les vieux se rejoignaient sur un point, sans même avoir besoin de se parler : le Mal avait frappé. Forcément, on préférait croire cela plutôt que d'incriminer Chapus, pas encore élu, certes, mais déjà sacrément influent, pour avoir réussi à stopper la procédure au niveau du département. Ou bien Hélène avait décidé d'en rester là, a réfléchi Céleste en relisant le courrier qui lui a semblé être l'original d'une lettre jamais envoyée. Cela paraissait un peu surprenant venant d'elle, mais bon, elle reconnaissait là le fatalisme des gens de la montagne.

La seconde option était la bonne. Il lui a suffi de retourner la feuille pour en avoir la confirmation : faute de soutien, sa mère avait lâché l'affaire. Quelles pétochardes, les grenouilles d'eau bénite ! Pétochardes, et mesquines, avec ça. Joséphine Bordaz, dite la Josée, Ernestine Kamilic, Micheline Coccard, l'Ancêtre, Jacqueline Soccarci, Lise Bornat… Au total, c'était une quinzaine de femmes qu'Hélène avait tenté de rallier à sa cause. Elle avait eu beau les solliciter pour appuyer sa plainte et multiplier les chances d'obtenir la radiation de Chapus du Conseil national de l'ordre des médecins (la sanction absolue, pour une crapule de son espèce), les espaces réservés à chacune étaient restés intacts, vides de signatures et d'espoir. Et l'appel d'Hélène sans écho, étouffé, telles les braises par le souffle de la lombarde.

Quand elle a relevé les paupières dans l'obscurité du grenier à peine trouée par la lumière de la lune, son esprit ressemblait à son perchoir : complètement empoussiéré. Cette absence de mains tendues de la part des voisines, dans un si petit village ? Elle n'arrivait pas à y croire. D'habitude, à la moindre incartade, les témoignages affluent, on accuse, ça marmonne, on ragote, la mort d'un blaireau met le feu aux poudres, tout le patelin est en émoi, alors que là…

Pas étonnant qu'après un coup pareil, Hélène ait souhaité jouer avec leurs croyances et leur coller la misère. La misère… La mort… Le regard noyé dans la boîte de Sandala, Céleste s'est dit qu'elle n'en saurait jamais rien.

Le jour est levé. Le soleil rampe doucement sur le parquet, sans parvenir à réchauffer le grenier.

C'est étrange, cette impression. Toutes ces années le cœur froid, à vouloir remplir en permanence celui des autres, à faire plaisir, dire amen à tout, opiner de la tête, et maintenant, Céleste le sait, elle le sent, se joue un de ces instants de la vie où le monde semble suspendu, une parenthèse volée au temps, que l'on déguste comme on suce un bonbon en cas d'hypoglycémie : goulûment.

Sur son ventre ses doigts se décrispent, ses muscles se détendent, l'un après l'autre, son front, ses joues, sa bouche… Elle revoit celle de son père, ses lèvres décharnées qui ont fini par s'ouvrir, hier, lorsqu'elle s'est approchée du fauteuil moutarde, les cheveux encore mouillés.

À la manière dont il l'a regardée, au rougissement de ses yeux, à la petite larme tombée au creux de sa joue, elle s'est bien doutée qu'il n'allait pas la houspiller. Elle a observé cette goutte glisser le long d'un petit sillon de chair, et lorsqu'une autre perle a coulé sur ce visage qu'elle avait toujours connu sec, elle a soudainement eu envie de tout réparer. Lui caresser la joue, l'appeler papa… Papa ? Deux syllabes ridicules, que n'importe quel bébé sait assembler, et pourtant… Papa. Te prendre par le bras jusqu'à la remise, au fond du jardin. T'aider à déplier tes chiffons encore imbibés d'oing de porc, en extraire les lames des tondeuses, dénicher un morceau de jogging, épousseter tes bouzines et, avec toi, amorcer le geste qui les fera vrombir. Un bail qu'elles ne se sont pas baladées, hein ?

Qui, mieux que Céleste, savait à quel point les passions sont capables de remettre dans l'œil vide un soupçon d'étincelle ?

Allongée à plat dos, dans la lumière tamisée du petit matin, elle perçoit encore sur son visage le souffle quasi imperceptible de celui dont elle pensait ne jamais plus réentendre la voix.

Ses yeux se ferment. Elle visualise les mouvements de la bouche de son père, la position de ses dents, d'abord celles du haut, sur la première syllabe. Ses incisives ont frotté sa lèvre inférieure, ça ressemblait à un f. Céleste aussi fait bouger sa mâchoire. Elle la ferme suffisamment pour former un o, elle entend le o de son père lâché dans un râle, revoit la pression de sa langue sur ses gencives, sa façon d'expulser l'air, sur le dernier mot… Un mot apparemment très court, qu'on attaque lèvres fermées, avant de les étirer et de faire vibrer ses cordes vocales.

Plusieurs fois de suite, elle tente de reproduire les mêmes mouvements, décortique les sons, dans le même ordre, les laisse monter à ses lèvres, et brusquement son corps se raidit.

Faut pas en vouloir à ta mère. Voilà, ce que son père essayait de lui dire.

Tandis que le jour se lève sur le village qui s'éveille, Céleste se demande s'il ne suffit pas de cela, pour grandir : savoir pardonner.

19

UNE VIE NOUVELLE, délestée d'une partie d'elle-même et où une autre est en germe, une vie plus lumineuse, en somme, Céleste y a cru, à son retour à Paris.

Elle n'était partie que quelques jours, mais il lui a fallu plusieurs semaines pour se réhabituer à la capitale, à ce décor si familier et si neuf à la fois, une ville dont les contours lui ont paru étonnamment flous, presque dilatés, finalement beaucoup moins moches qu'avant son départ. Les gens déambulaient dans des rues devenues plus larges, enveloppés dans l'air printanier. Oui, un air lavé par les pluies d'avril planait sur la place du Châtelet, et sur Céleste une impression d'éveil sur le monde. Comme une forêt bourgeonne après l'hiver. L'odeur du poulet rôti devant la boucherie de la rue Rambuteau, un claquement de talon sur le trottoir, la déclinaison des couleurs du soir sur le parvis de la Défense, la sonnette d'un vélo, une gamine mèches au vent, plus rien ne semblait lui échapper.

Si elle avait été croyante (croyante en Dieu, pas en tous ces petits signes auxquels elle se raccrochait depuis qu'elle était môme), elle aurait prié pour que le temps s'étire, comme ça, au détour des rues pavées où il lui arrivait désormais de flâner un peu, avec à l'épaule son sac à main dans lequel reposait toujours l'enveloppe contenant *Gyromitra esculenta*, et l'espoir, un jour, de revoir Murielle.

Un bon mois s'est écoulé ainsi, sans qu'à aucun moment elle n'imagine retourner consulter Cerebrowicz. Fini de jeter l'argent par les fenêtres pour chercher ailleurs les réponses que l'on porte en soi. De fait, depuis son retour du village, elle a la nette impression d'avoir grandi, Céleste. Et ce changement, elle ne le doit qu'à elle seule.

Alors pourquoi est-elle là, devant la porte cochère de la rue des Martyrs, les yeux rivés sur l'asphalte, vacillant à l'idée d'appuyer sur le bouton de l'interphone ? Qui l'y oblige ? Elle pourrait très bien faire faux bond à la psy, inventer un prétexte à la dernière minute ? Nom d'un chien ! Elle ferait mieux de revenir sur ses pas, oui. Parce qu'on peut en faire des choses, mine de rien, avec cinquante euros : un massage des pieds à l'eucalyptus, un abonnement à l'UGC Bastille…

C'était précisément ce à quoi Céleste avait réfléchi, dans le train du retour, en contemplant les étendues criardes de champs de colza qui s'étiraient à perte de vue. Quand Clara rentrerait de sa colonie dans le Vercors, elles iraient voir le dernier Disney, elles se promèneraient au Jardin des Plantes, siroteraient des diabolos kiwi, avant de préparer leurs valises pour l'île de Ré. Céleste se l'était promis, comme de remuer ciel et terre pour retrouver Murielle et avoir la joie de lui annoncer qu'elle avait réussi à identifier l'arme des empoisonnements au village. Pour cela, elle avait songé à contacter Lamalle, ses anciens collègues, redescendre à Albertville, se pointer à l'accueil de l'hôpital ; avec un peu de chance, elle finirait bien par l'y croiser, quand celle-ci viendrait récupérer son courrier, à condition bien sûr que Murielle ne soit pas partie à l'autre bout du monde. Et si Céleste prenait un billet pour l'Australie ? C'était bien la seule chose qu'elle ne pouvait sérieusement envisager. Trop loin. Trop grand.

Bercée par le roulis du train, elle avait poussé un soupir de contentement, car jamais il ne lui avait semblé prendre autant de bonnes résolutions en si peu de temps. Ainsi s'était-elle éloignée de sa forêt, de son père (elle partait l'esprit tranquille, Nadia veillait sur lui), de Lino (promis, elle reviendrait construire des cabanes à la belle saison, avec Clara), et de toute idée de vengeance. Naturellement, l'envie de se lancer sur les traces de Chapus l'avait démangée. Lui faire la misère à son tour, dénoncer son incompétence, obtenir justice, comme sa mère avait tenté de le faire. Mais aussitôt, elle s'était ravisée : le ressentiment ne menait à rien, il agissait comme un sale poison qui empêchait d'avancer.

Le temps d'incliner son siège et de fermer les yeux, elle avait avalé les kilomètres vers Paris en revisitant son passé.

Sa fascination pour le monde du minuscule, tout d'abord. Dire qu'elle était convaincue que sa prof de sciences naturelles en était à la source ! C'était ignorer que la passion ne s'apprend pas. Ni dans les livres, ni sur les bancs de l'école. Telle une spore ballottée par le vent, dont personne ne connaîtra jamais ni l'origine, ni la fin du voyage, elle se transmet, et ce qui valait pour Céleste avec les petits êtres de la forêt s'appliquait sans doute aux autres mordus de son espèce. Et à sa mère. À sa grand-mère, aussi. Et, encore avant, à la mère de sa grand-mère. Un envoûtement transmis de génération en génération, qui avait résisté aux kilomètres la séparant de Mirbois, et à la violence avec laquelle on avait cherché à étouffer son addiction.

C'est qu'elle avait drôlement brouillé les pistes, Hélène, en affichant un tel dégoût des champignons. Jusqu'à remplacer le pâté truffé par des rillettes, dès le Noël qui avait suivi le décès de l'Ancêtre. La truffe, ça coûte bonbon ! À dix ans, comment Céleste aurait-elle pu deviner ? Imaginer un seul instant que dans la peau de sa propre mère se cachait l'une des plus grandes expertes en mycologie du siècle dernier ? C'est vrai qu'elle était sacrément fortiche, Hélène, pour réussir à faire pousser des gyromitres dans une cave, à l'heure où l'on n'avait pas commencé à apprivoiser les morilles ! Il en fallait de sacrées connaissances, de la détermination, de la patience, dans l'obscurité, les mains crottées de fumier, à travailler l'infiniment petit. Tenace comme une fougère, sa mère, qu'est-ce que tu crois !

Bah oui, qu'est-ce qu'elle croit ? Et surtout, qu'est-ce qu'elle fabrique rue des Martyrs à zieuter le bitume ? Elle qui s'était juré de ne plus jamais supporter les silences d'une psy démodée.

C'est que, depuis plusieurs jours, quelque chose perturbe ses nuits.

Au début, elle a cru au mouron. Le vrai, cette fois : le souci qui tord le ventre et les méninges. Clara partie en colonie, rien d'illogique à cela, Céleste s'en fait, comme s'en font toutes les mamans qui voient s'éloigner leur enfant.

Puis elle a mis ça sur le compte du dernier message de Murielle. Sa voix rageuse. Bernard Lamalle lui avait tout raconté, et Murielle avait explosé. Tu avais promis de tenir ta langue. Tu n'avais pas le droit de mener l'enquête sans m'en avertir, de révéler ma piste, surtout au pitbull. Tu as voulu m'achever ou quoi ? Des reproches à n'en plus finir, avalés par la colère.

Après tout, il y avait de quoi : Céleste avait cafté. Mais sans aucune intention de nuire. Alors pourquoi s'en vouloir ? L'arme des crimes au village avait été tenue secrète, elle ne l'avait dévoilée à personne : *Gyromitra esculenta* restait soigneusement enfermée dans l'enveloppe kraft, et l'enveloppe dans son sac à main, à côté de son téléphone.

Non, elle n'a pas à culpabiliser.

N'empêche que le soir, lorsqu'elle est sur le point de s'endormir, quand la conscience lui glisse des cils, la sensation l'assaille, elle vient l'asticoter, agiter ses nerfs, grignoter ses premières minutes de sommeil. C'est plus fort encore que l'accrochage avec Murielle. Enfoui en elle plus profondément que ne l'avait été Célestin dans la terre gelée du Mont-Joli. Elle la sent, elle la palpe, sans réussir à la saisir. D'un geste nerveux, elle finit par rabattre la couette sur son visage et par sombrer, avec l'impression qu'une partie d'elle-même s'effondre comme un rocher se décrocherait d'une montagne.

Et chaque fois, à cet écroulement succède un rêve très étrange. Un songe aussi doux qu'un sucre d'orge en apparence, mais qui lui laisse au réveil un goût des plus désagréables : celui de l'amer.

Ça commence par un visage. Une apparition furtive. Oui, le visage d'un ange vient se coller sur la vitrine d'une boulangerie. L'ange retire ses ailes, les glisse sous ses pieds et s'installe confortablement devant des clafoutis piqués de cerises fluorescentes sur leurs napperons en papier. Derrière la caisse, dans l'ombre, une femme en pain d'épices, minuscule. Les yeux à moitié fermés, elle compte ses pièces, tâtonne, tente de rendre la monnaie, mais soudain une mousse l'ensevelit. Un énorme nuage blanc, qui fait penser à une montagne d'œufs en neige. Et puis plus rien.

Céleste se souvient avoir tourné et retourné son corps dans ses draps glacés de sueur, les nerfs à fleur de peau, avant de se réveiller en sursaut, le cœur battant à tout rompre. Cette toute petite bonne femme à l'odeur de cannelle… Sa mère ? Parfaitement. Sa mère, étouffée par une meringue. Chapus ?

D'une main tremblante, elle a empoigné le radio-réveil : trois heures dix-neuf. Assise dans son lit, la tête entre les mains et les jambes repliées sous le menton, elle a repensé à ce bon à rien, avec sa fausse rubéole. Une bourde monumentale. Aussi énorme que de confondre une russule émétique avec un cèpe des pins, ou une girolle avec un tricholome couleur de vache ; et pas besoin d'avoir fait médecine pour s'en rendre compte.

À vrai dire, une boulette pareille après tant d'années d'études, Céleste avait vraiment du mal à y croire. Elle s'apprêtait à se recoucher, quand une pensée lui a traversé l'esprit : Murielle avait-elle pu, elle aussi, commettre une erreur médicale pour quitter si vite l'hôpital ? Improbable, Murielle ne se trompait jamais.

Bon, mais où est-ce que tout ça la mène ? La faute à qui, si elle se retrouve à faire le pied de grue en bas de chez Cerebrowicz ? En attendant la réponse, son index se pose machinalement sur l'interphone. Au même instant, son téléphone vibre dans son sac à main. Céleste préfère ne pas regarder qui l'appelle. Mais une nouvelle vibration lui arrache un geste nerveux.

C'est Clara.

Sa fille lui envoie une photo du Vercors. Malgré le reflet de la lumière du jour sur l'écran, Céleste devine le visage gracile, sa fine chevelure entortillée dans des nattes à moitié défaites, elle reconnaît le K-way fuchsia acheté pour son départ en colonie. À la main, Clara tient quelque chose qu'elle semble vouloir lui présenter.

« Regarde, maman, j'ai trouvé ça. On dirait un cerveau ! Le mono dit que c'est une morille. Ça va, toi ? Ici, on s'amuse bien, bisous. »

Une secousse soulève Céleste du sol, comme si brusquement le ciel l'avait aimantée.

Vingt-sept mille trois cent dix-huit espèces sur le territoire très exactement, et il faut que Clara tombe pile sur celle-ci ! Le hasard n'existe pas, madame Wolf. Vous seule avez la clé. L'histoire se répète, madame Wolf… Stop ! Céleste n'en peut plus, ces lieux communs, ce timbre flegmatique et gonflé de certitude. Monter pour avoir à supporter des banalités pareilles ? Bien sûr que l'histoire se répète !

Mais alors ?

Alors elle observe une nouvelle fois la photo, étire ses doigts pour grossir l'image. Cette trace café au lait, aussi légère qu'une virgule, ce bourrelet tout fin, à la naissance du pouce de sa fille… Jamais remarqué. Du chocolat ? De la boue, plus probablement. Elle ne veut pas croire à autre chose. Et pourtant… Elle fait pivoter son poignet, laissant apparaître sa blessure. Un clou rouillé ? La ressemblance avec la marque posée en relief sur la peau laiteuse de Clara est saisissante. Aurait-elle inventé cette histoire, dans la cour de récréation ? Brusquement elle se raidit, comme se raidissent les gens qui viennent de comprendre.

Pardi ! Le voilà, le nœud de l'histoire !

Chapus n'a *jamais* confondu un *Purpura fulminans* avec une rubéole, bien évidemment que non ! Elle avait bon dos, l'erreur médicale ! Il a *volontairement* laissé mourir Célestin ! Un acte mûrement réfléchi. Un assassinat. Pour se venger d'Hélène. Faire crever le fils, s'en débarrasser comme on bazarde un objet encombrant, dans un seul but : réduire la mère à néant. C'était elle, sa cible. La femme à abattre. Forcément, Chapus ne trouvait plus sa place, parmi ces hordes de vieilles sorcières, à se prendre pour de vraies guérisseuses, toutes autant qu'elles étaient, avec leurs mixtures et leurs incantations bizarres. *Tirtelàvér, et reista tranquille !* Elles lui faisaient de l'ombre à discuter les effets de ses pilules, et plus encore son pouvoir, pensez ! Le seul médecin de la région à parler latin, en plus. Et sa mère… La pire. La meilleure, la seule, l'unique. La vraie. Celle qui, face au monde, se tenait toujours droite. Qui cachait la marque de son histoire, dans un endroit connu d'elle seule. Celle qui traçait son chemin, qu'est-ce que tu crois !

Il y a cinq cents ans, on l'aurait jetée à l'eau, pieds et poings liés, histoire de vérifier que son corps flottait à la surface, comme celui de toutes celles que le diable avait sauvées de la mort. Et puis on l'aurait condamnée sur la place publique, avant de la brûler vive, sur le bûcher. Et on aurait crié : C'est bien fait pour toi, salope !

Hélène, la magicienne… Chapus l'avait définitivement laissée au bord du chemin de la joie, dans le silence et le froid des nuits de montagne.

Sur le trottoir, Céleste se redresse : elle va lui faire la peau. Il verra bien, le scélérat, de quel bois les Rancé se chauffent ! Lui préparer une tambouille dont elle pensait jusqu'alors être la seule à avoir le secret : quelques chapeaux de coprins noirs d'encre, des lamelles d'hygrocybes, une pincée de verrues d'amanites épineuses, des membranes de russules fétides, deux ou trois volves phalloïdiennes et des anneaux d'agarics jaunissants en voie de décomposition. Un stratagème dont l'ingéniosité reposerait sur l'étalement dans le temps des symptômes, de la première à la dernière bouchée ingurgitée. Un feu d'artifice d'horreurs : troubles gastriques, diarrhées profuses, vomissements en jets et attaques rénales, irréversibles. Les amanites phalloïdes achèveraient la scène, avec la libération de la plus dangereuse des toxines connues à ce jour, l'alphamanitine. Et avec elle, en bouquet final, l'inévitable destruction du foie. Extinction de Chapus.

Bon sang, est-ce qu'elle va continuer à délirer comme ça encore longtemps ? Le feu aux joues, elle se sent rincée, tout à coup. Aussi vide qu'une panse de marmotte en plein hiver. Elle aimerait répondre à sa fille. Choisir les bons mots, le ton le plus joyeux possible ; d'ordinaire, les parents sont si ingénieux pour faire illusion… Mais rien d'autre ne lui vient que de parsemer son message de ces faces de lune hilares que les jeunes de l'âge de Clara apprécient tant : « Oui, il est rigolo ☺, ce champignon ! ☺ Garde-le, on le fera sécher et on le mangera à la pleine lune ☺ »

D'un geste machinal, elle appuie sur l'interphone. Ses pieds pénètrent dans le hall d'entrée, se posent sur une enfilade de dalles en marbre. La porte cochère n'a pas le temps de se refermer qu'une odeur la saisit ; une morsure de nèpe ne lui aurait pas fait moins d'effet. Ce parfum…

Son menton se dresse, elle hume, les muscles peauciers tendus comme des Sandows. Elle en mettrait sa main à couper, elle connaît cette senteur. Des notes de tête plutôt herbacées, des épices, ça sent aussi l'ambre et le bonbon acidulé.

Dans sa poitrine, il n'y a plus ni ordre ni logique. Son cœur tambourine par à-coups incontrôlés, injectant sur son visage ce rose inédit. À nouveau ses narines frémissent, il n'y a plus aucun doute : dans la cage d'escalier flottent le poivre et l'églantine du géranium sauvage… L'odeur d'autrefois.

Murielle ?

20

LES TABLES SONT EN TRAIN d'être dressées quand elles arrivent au café. On s'agite, les assiettes qui s'entrechoquent, le sifflement du percolateur et le froissement des nappes en papier, Céleste aimerait un endroit plus tranquille, mais il y a plus important que le lieu des retrouvailles. Si elle s'attendait à cela en se rendant rue des Martyrs !

Une scène dont la réalité lui échappe encore, à vrai dire ; tout est allé si vite, depuis quelques minutes.

Dès qu'elle a eu l'intuition du passage de Murielle chez Cerebrowicz, elle n'a pas cherché à comprendre. Ni à savoir si c'était l'heure de son rendez-vous (la psy n'appréciait pas qu'on arrive en avance, elle souhaitait que ses patients respectent ce principe tacite selon lequel jamais ils ne doivent se croiser). Sans se soucier de l'heure, donc, elle est montée au pas de course au troisième étage, emplie d'un sentiment de crainte doublé d'excitation. En effet, son nez avait senti juste : l'odeur du géranium sauvage se diffusait dans la cage d'escalier, de façon inversement proportionnelle à la distance qui la séparait du cabinet de la psy.

Haletante, elle a poussé la porte en prenant l'initiative d'entrer sans sonner. La salle d'attente était vide. Après quelques minutes, Murielle est apparue. En chair et en os.

À l'abri derrière des lunettes de soleil, on devinait son visage, le visage triste d'un tournesol en manque de soleil. Quand elle a aperçu Céleste, ses jambes ont stoppé net, sur le pas de la porte, et son premier réflexe a été de distendre les manches de son pull pour y cacher ses mains. Murielle? Ça faisait tellement bizarre de la voir à ce point embarrassée. Un peu comme si un autre personnage s'était glissé en elle.

Elle a ôté ses lunettes, découvrant des traits aussi tirés que sa queue de cheval. Enfin, un maigre sourire s'est dessiné sur son visage. Un sourire qui a malgré tout réussi à étirer ses taches de rousseur et ses yeux rougis. Visiblement, Murielle avait fait la paix. Et pleuré, aussi. Désarçonnée, Céleste s'est raidie à son tour, surprise de faire le premier pas vers son amie, elle qui laissait toujours les autres prendre les devants, et de la serrer dans ses bras, la berçant comme on cajole un enfant qui vient d'avouer une bêtise.

Depuis qu'elles sont installées au café, Murielle n'a pas desserré les lèvres. Elle garde le regard baissé, les doigts en cercle autour de son jus d'abricot. Certes, Céleste l'a drôlement prise au dépourvu dans le cabinet de la psychiatre… Mais c'est tout de même le monde à l'envers, songe-t-elle en portant la tasse à ses lèvres, ce serait plutôt à elle de se sentir gênée, après tous ses reproches à n'en plus finir.

– Dire que je t'ai crue au bout du monde! ose-t-elle dans un souffle.

– J'aurais préféré, à dire vrai.

Céleste repose sa tasse. Dans un rapide croisement de bras, Murielle cache sa poitrine, ses doigts se crispent dans la laine de ses manches.

– J'étais plutôt… au bout du rouleau, balbutie-t-elle en battant des paupières pour refouler le chagrin qui la submerge.

Céleste a beau chercher, elle ne se souvient pas avoir vu Murielle pleurer. Même quand Hélène la traitait de petite sorcière, rien sur son visage ne trahissait la peine. Et quand il lui arrivait d'avoir une sale note, en classe, elle serrait les dents, jurant intérieurement de se rattraper, coûte que coûte.

Céleste attrape la main de son amie. Elle lui soulève le majeur, qu'elle replie délicatement sur son index. Il n'en faut pas davantage pour qu'un chapelet de larmes roule sur les joues de Murielle.

– Je suis désolée. Vraiment désolée, répète-t-elle, comme si aucun autre mot ne lui venait. Désolée de t'avoir laissé sans nouvelles et de t'en avoir voulu. Tu n'y étais pour rien.

Ses yeux navrés se lèvent vers Céleste. Elle poursuit :

– J'ai bien tenté de t'envoyer un mail pour t'expliquer, mais un message d'erreur m'a été retourné.

Murielle disait vrai : Céleste avait changé d'adresse, *cwolf* n'existait plus. Elle avait profité de jeter ses culs de bouteille pour se séparer de son nom de tondeuse et reprendre celui de sa famille, celui que sa mère avait porté, ce nom écrit sur ses cahiers de classe, le sien.

Céleste attend la suite. Maintenant qu'elles sont réunies, Murielle n'a d'autre choix que de se jeter à l'eau.

– Tout ça, c'est à cause de Bernard, finit-elle par murmurer d'une voix empesée par l'émotion.

– Le pitbull ?

Ce mot fait sursauter Murielle, elle a besoin de tenir son verre pour contenir le tressautement de ses doigts. Décidément, Céleste ne la reconnaît plus. Soit elle est sous antidépresseurs, soit elle cache quelque chose d'inavouable au sujet de son ex-patron, Céleste ne voit pas d'autre justification à cette fébrilité.

– Il m'a usée, reprend Murielle en désignant d'un geste de la main son visage marqué de cernes.

– C'est-à-dire ?

– J'ai dû quitter le service. Ça m'a pris du temps, de sortir la tête de l'eau… Il y a un mois, on m'a proposé un remplacement, à l'hôpital Lariboisière. J'ai accepté. À Paris, l'avantage, c'est que je peux aller consulter le docteur Cerebrowicz. Elle m'aide à remonter la pente, tu sais…

Céleste ne se soucie pas tant de savoir si la psy lui a servi son petit jeu d'association d'idées, ni combien de fois par semaine Murielle s'allonge sur le divan de velours râpé, que ce qui se cache derrière ce « il m'a usée ». Actes malveillants, harcèlement, manipulation, autant d'hypothèses se succèdent dans l'esprit de Céleste, jusqu'à ce que celle-ci se remémore le regard de Murielle au moment où le nom de son ancien chef de service a été prononcé. Son regard est devenu subitement très sombre, quasiment noir.

Cette transformation dans les yeux de Murielle, elle l'avait déjà surprise, et pas qu'une fois. En classe. À l'époque des fameux billets doux échangés sous les tables. Le temps où Murielle ne portait pas encore de blouse sous laquelle camoufler ses sentiments. Cette noirceur-là était très particulière : ce n'était pas celle de la peur, pas vraiment celle de la colère non plus, mais bien la couleur des yeux brusquement privés d'iris. Quand les pupilles se dilatent, sous l'effet des battements du cœur. Le regard désenchanté des gens amoureux, en quelque sorte.

Céleste sourit, fixant Murielle d'un air entendu.

Son sens de l'observation ne l'a pas trompée : depuis des années, Murielle aimait Lamalle. D'un feu ardent dont n'étaient restées que des cendres. Pour une fois, Murielle était tombée dans le panneau. Bernée par cet homme, qui lui avait annoncé vouloir tout quitter, sa femme et le reste, aller s'installer avec elle à Melbourne, faire avancer la recherche, ensemble, là-bas, tous les deux, on connaît la chanson.

Pour s'épargner davantage de souffrances, celle-ci avait dû tout lâcher : son travail, ses patients, sa vie à Albertville et ses envies d'Australie. Question de survie.

– Tu vois, Céleste, personne n'est infaillible… Mais, depuis cette histoire, je me sens plus vivante qu'avant ! Ses joues ont commencé à reprendre des couleurs. Allez, assez parlé de moi. Que deviens-tu ?

En guise de réponse, Céleste plonge la tête sous la table et la main dans son sac, avant de tendre à Murielle l'enveloppe contenant le morceau de champignon cerveau.

– Tiens, murmure-t-elle le souffle coupé par l'émotion.

Murielle n'a pas besoin de lire les mots griffonnés sur le papier pour comprendre.

– Tu n'as pas l'air vraiment étonnée, remarque Céleste, presque déçue du peu d'enthousiasme manifesté par son amie.

Car enfin, non seulement on lui servait sur un plateau l'espèce responsable des empoisonnements de ses anciens patients, mais elle avait aussi tout le loisir de constater que rien n'était venu émailler le Pacte de l'Amitié. Céleste avait tenu parole, lui laissant la primeur de sa trouvaille.

– C'est que je savais.

– Quoi donc ?

– Que tu finirais bien par y arriver, lance Murielle un brin de malice dans les yeux, en avalant une gorgée de jus d'abricot. J'ai joué mon poste, figure-toi, en décidant de te confier l'enquête. Bernard tenait à faire appel aux mycologues du coin et, dans le lot, tu t'en doutes, certains sont loin d'être mauvais... Ils auraient forcément trouvé avant toi, tu as mis tellement de temps à te décider !

– Ce n'était donc pas le but, avancer le plus vite possible ?

– Bien sûr... Mais autre chose m'importait tout autant que nos malades.

– Quoi donc ?

De l'index, Murielle la désigne, elle, Céleste.

En général, celle-ci n'a aucun mal à suivre le raisonnement de son amie. Mais là, elle ne saisit pas. Car plus tôt on serait parvenu à mettre un nom sur le coupable de cette maladie incurable, plus tôt on aurait pu alerter les familles, faire stopper la consommation de gyromitres, demander la destruction des stocks de champignons séchés alimentés par Hélène et conservés depuis une génération. Depuis le temps, elle aurait également eu la possibilité de rédiger des articles dans des revues de neurologie, les relayer dans *Le Dauphiné Libéré*, la presse nationale, sur les blogs et les réseaux, Céleste aurait même pu participer aux opérations de sensibilisation, afin de mettre en garde les cueilleurs de ce champignon aux allures de morille, révéler sa dangerosité, bien au-delà des troubles gastriques et des cytolyses hépatiques documentés jusqu'alors. Elle aurait pu contribuer à faire bouger la science, Céleste ! Et sans devoir aller jusqu'à Melbourne…

– Ces derniers temps, renchérit Murielle en reprenant ce ton direct qui la caractérisait si bien, je n'en pouvais plus de te sentir si triste, engoncée dans ton petit train-train. Tes angoisses, tes interrogations à n'en plus finir, ce manque de confiance, alors que franchement, aucun mycologue ne t'arrive à la cheville. Tu entends ? Il n'existe pas deux reines de la fonge aussi brillantes que toi !

Murielle a planté son regard dans celui de Céleste. Une intensité profonde, perçante, l'œil de la renarde qui traque un mulot. Et si Céleste, elle, n'arrive pas à décoller les yeux de sa tasse de café vide, c'est qu'elle se reconnaît, ou se reconnaissait effectivement dans la description de son amie.

– Écoute, poursuit Murielle d'une voix nettement radoucie, je suis bien placée pour savoir qu'il existe toujours une raison, souvent très profonde, qui explique la façon dont on voit les choses et dont on les vit. Suivre ses passions permet justement de déterrer ses racines, Céleste. De percer à jour sa vraie nature. Alors oui, aller vers ce qui donne des ailes peut faire peur, parce que c'est prendre le risque de découvrir ce que nous sommes réellement. Mais c'est aussi le meilleur moyen de pouvoir, un jour, prendre son envol. Tu comprends, maintenant, pourquoi je tenais à ce que ce soit toi et personne d'autre ?

Céleste a enroulé ses chevilles autour des pieds de chaise, elle fixe son amie. Elle a beau savoir combien l'alchimie du cerveau et les mécanismes psychologiques touchent Murielle de près, elle n'imaginait pas l'entendre parler de la sorte un jour. L'entendre parler d'elle, avec des mots aussi soyeux que sa chevelure de princesse encore imprégnée de l'odeur d'autrefois. Céleste pourrait rester des heures à l'écouter ; ses paroles lui font tellement de bien. Autant que l'horoscope de *Femme & Moi* et une balade en forêt réunis.

– Ôte-moi d'un doute, s'enhardit-elle soudain.

– Je t'écoute.

– Comptes-tu aussi te donner la chance d'exposer tes racines au grand jour, en retournant voir Bernard, par exemple ?

En réalité, Céleste n'attend pas de réponse à cette question. Elle se contente de contempler le visage radieux de son amie et de sourire à son tour, légère comme une crêpe dentelle effleure un bol de crème Chantilly.

Soulagée qu'à aucun moment Murielle n'ait cherché à savoir comment elle s'y était prise pour dénicher *Gyromitra esculenta.* En effet, elle tient à la garder pour elle, son histoire. Aussi secrètement que les légendes racontées au coin du feu.

C'était la sienne, la leur, depuis la nuit des temps. Elle était allée la chercher dans la terre, tout au fond, un terreau sur lequel elle s'était arraché les ongles pour déterrer son passé.

C'était celle de sa mère, de sa grand-mère et, avant elles, de toutes ses aïeules qui avaient survécu à la torture et au bûcher. Elle serait celle de sa fille, et de toutes celles qui suivraient.

Autour d'elle, le contour des immeubles s'est évanoui. Il fait si clair… Une étendue immaculée a fait surface, un champ de neige immense, et pour seule limite l'horizon.

C'est maintenant.

Maintenant que tu vas t'engouffrer dans la brèche, dans cet instant où tout devient possible. Balancer ton attirail de myope, ouvrir grand les yeux et montrer la route. Oui, désormais, c'est à toi, Céleste, de tracer le chemin, poussée par cette voix qui vibre dans ton corps. Une présence inconnue et pourtant familière, une voix que tu aimes. Au cœur de toutes celles qui frémissent dans ta mémoire, comme les herbes des montagnes balayées par le vent, elle s'en détache. À qui appartient-elle ? À ta fille, à ta mère, qu'importe, te voilà parcourue par une envie de fou rire. Toi ? Rire ?

Et oui, qu'est-ce que tu crois, ma chérie, il faut croire à la magie !

Note de l'auteur

Quand j'ai commencé à écrire *Amanita ænigma*, la gyromitre, ou fausse morille, venait d'être identifiée comme responsable de la mystérieuse apparition des cas de maladie de Charcot dans le village de Montchavin. Pour autant, l'affaire n'avait pas encore été rendue publique, et j'ai préféré taire le nom du village en question. Ainsi, le « village » mis en scène dans *Amanita ænigma* est purement inventé, de même que ses environs et l'ensemble des personnages du roman.

À l'automne 2021, après une enquête médicale de plus de dix ans menée notamment par la neurologue Emmeline Lagrange, les premiers articles mettant en cause le champignon ont été publiés. Après avoir un temps attribué l'origine du phénomène à *Gyromitra gigas*, les recherches confirment à ce jour l'implication de *Gyromitra esculenta*. Elles se poursuivent, afin de valider ces conclusions.

Remerciements

« Sans nuage, affirmait le moine bouddhiste Thích Nhất Hạnh, il n'y aurait pas de pluie. Sans pluie, les arbres ne pousseraient pas. Et sans arbres, nous ne pourrions pas faire de papier. Le nuage est essentiel pour que le papier soit ici, devant nous. » C'est aussi comme cela, un roman : pour qu'il existe, des rencontres sont nécessaires.

Ainsi *Amanita ænigma* n'aurait vu le jour sans plusieurs personnes, que je tiens à remercier chaleureusement. Chacune m'a guidée sur le chemin de cette aventure formidable.

Pierre-Arthur Moreau, mycologue et Maître de conférences à l'Université de Lille. C'est au cours d'un dîner avec les étudiants du DU de mycologie, un soir de septembre 2019, que Pierre-Arthur m'a raconté l'histoire du champignon cerveau.

Emmeline Lagrange, praticien hospitalier neurologue au CHU de Grenoble. Je remercie Emmeline d'avoir accepté de partager les fruits de son enquête, un travail remarquable d'une quinzaine d'années visant à identifier le responsable des cas de maladie de Charcot au « village ».

Bertrand Leclair, écrivain et ami. Merci à Bertrand de m'avoir encouragée, jusqu'au point final.
Cendrine, Valérie, Frédérique et Lionel, mes fidèles relecteurs.

Je remercie aussi toute l'équipe des éditions Héloïse d'Ormesson, à commencer par Roxane Defer, qui a cru en mon texte, depuis le début. Ses conseils et encouragements ont permis l'aboutissement d'*Amanita ænigma*. Merci également à Héloïse, Alix, Alexandra et Charlotte.

Enfin, ma gratitude va à mes enfants et à mon mari, notamment pour leur patience à mon égard, pendant ces longs mois d'écriture. Et puis à mes parents, qui auraient adoré tenir ce livre entre leurs mains. À mon père, pour m'avoir transmis la passion des champignons lors de nos balades en forêt de Saint-Leu, et à ma mère, sans qui ce projet n'aurait sans doute jamais germé. Parce qu'*Amanita ænigma*, c'est une histoire de passion, certes, mais aussi de transmission, et de pardon.

Merci à tous. Vous avez été mes nuages.

Conception graphique et réalisation
Anne-Marie Bourgeois/m87design

Achevé d'imprimer
sur Roto-Page
par l'Imprimerie Floch à Mayenne,
en mars 2024

Dépôt légal
mai 2024

Numéro d'imprimeur
104648

Édition n° 1

Imprimé en France